U0008306

GOBOOKS & SITAK GROUP©

給予的力量

暢銷紀念版

改變一生的五個奇遇

The Go-Giver

a little story about a powerful business idea

鮑伯．柏格（ Bob Burg）
約翰．大衛．曼恩（ John David Mann）◎著
夏荷立 ◎譯

高寶書版集團

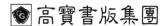

赫美斯｜ Hermes

希臘之神。掌管財富、貿易和好運，負責傳達訊息的神使。誠如給予的力量，把一則好的訊息分享給其他的人，讓他們的生命更美好。

The Greek god of riches, trade and good fortune.

He is also the messenger or herald of the gods.

— Greek Mythology —

目錄
Contents

志在必得者

The GO-Getter

1

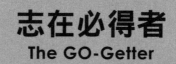

如果要問在克拉森希爾希信託公司裡頭，誰是志在必得者的話，那肯定非喬莫屬。他，認真勤快、手腳俐落、力爭上游，是一個有抱負的年輕人，具有雄心壯志，他給自己目標，要當一個呼風喚雨、縱橫商場的企業家。儘管如此，有的時候，他還是會感覺很無力，因為越是積極、越是拚命，目標卻好像離他越來越遠。從他投入的程度來說，的確是做了很多，但是得到的卻不成比例。只不過隨著工作忙碌，喬根本就沒有時間回頭想，甚至沒有力氣停下來思考，到底是哪個環節出了差錯。尤其是像今天，又到了星期五，距離這一季績效結算只剩下一週，但是他的業績距離標準值仍是差一大截。如果再沒有趕上，後果不堪設想。

眼看著就要下班了，喬心想該是打電話去請求幫忙的時候了。於是他撥了通電話，但是談話過程並不順利。

「卡爾，告訴我，你不是」喬倒吸一口氣，不讓自己的聲音聽起……來絕望，「尼爾．韓森？他是何方神聖？……嗯，我不管他給你什麼條件，我們公司同樣也可以，……等等，得了吧，卡爾，你欠我一個人情！你捫心自問哈吉斯那個客戶是誰幫你保住的？卡爾，別掛斷，該死的傢伙！」……

「叩」一聲，喬切掉無線電話上的通話鍵，強迫自己冷靜地放下電話。他深深的又吸了一口氣。

喬拚死拚活要弄到一個大客戶，他覺得這個客戶是他應得的。他需要這個客戶，他是這麼努力想要達到第三季的業績。今年真的是糟透了，不僅第一季沒有達成，第二季又揮棒落空，如果再有第三次，恐怕是要被三振出局了。

「喬？你還好嗎？」有人出聲問。喬抬起頭來，看見同事梅蘭妮一臉關切的表情，她真的是個好人，心地善良處處為人著想，正因為如此，喬一度懷疑她無法在七樓這個競爭激烈的環境下生存。

「唉！」喬說。

「電話那頭是卡爾．凱勒曼嗎？跟大巫的那個客戶有關嗎？」

喬再度嘆了一口氣。他不需要多做解釋，這層樓的每一個人都知道誰是卡爾．凱勒曼。他是一名遊走於各大企業的掮客，主要工作是促成兩家公司的合作。喬常戲謔地說這種服務是「大巫師」客戶服務，見利思遷，所以私底下他們都稱卡爾為大巫。

根據卡爾的說法，大巫師的老闆認為喬他們公司不夠有影響力和優勢，所以吃不下這筆交易。如今某一號連喬聽都沒聽說過的人物，報價居然比他還低。卡爾說他很想幫忙但是無能為力。

「我就是不懂。」喬說。

「真遺憾，喬。」梅蘭妮表示。

「十年河東，十年河西，總有一天我一定會打敗這些自以為是的傢伙……。」他咧嘴露出自信的笑容，但是心裡卻一直想著卡爾所說的話。梅蘭妮走回她的座位去，喬陷入沈思之中。影響力和優勢……。

幾分鐘後，喬突然一躍而起，大聲地說，「對了，梅蘭妮！」她緩緩抬起頭來。

「妳還記得上次跟葛斯聊天時，提到下個月的某一天，有個重量級的顧問要來公司演講的事情嗎？」

梅蘭妮一笑，你是說：「賓達董事長。」

喬彈了彈手指，「沒錯，就是他。知道他貴姓嗎？」

梅蘭妮眉頭一皺，「我想我沒……」她的聳一聳肩，「我從來沒聽人提起過他的姓氏。大家都叫他董事長，不然就是賓達。幹嘛？你是不是想去聽演講啊？」

「嘿嘿……，說不定喔。」不過喬對一個月後的演講可是意興闌珊。他只對一件事感興趣而已，而這件事必須在下週五，也就是第三季結束之前發生。

「我在想，賓達是一個不折不扣的大人物，對吧？索取大筆的顧問費，只替最大、最好的公司服務？他在業界有著極大的影響力。雖然這次我們失去了大巫，不過我們必須再開發幾位大客戶才能找回業績，不能再挨打了，我需要優勢。妳知道這位董事長的聯絡方式嗎？」

梅蘭妮不可置信地盯著喬看，就好像他提議要去打倒北美大灰熊似的，「你要打電話給他？」

「是啊！有什麼不妥嗎？」喬聳聳肩。

梅蘭妮搖搖頭，「我不曉得該如何跟他連絡，或許可以問問葛斯。」

喬走回座位，心裡不禁納悶起來，葛斯這號人物到底怎麼在公司存活下來，因為他從來沒有看過葛斯做過什麼轟轟烈烈的事情，但是他卻擁有一間大辦公室，而喬和梅蘭妮與其他十幾位員工卻一起共用七樓的開放空間。有人說，葛斯之所以能夠坐在獨立辦公室裡，是因為年資的關係；也有人說，是他早年立下汗馬功勞掙來的。

根據辦公室的傳言，葛斯已經有好幾年沒有爭取到半個客戶了，管理部門純粹是看在他忠心耿耿的份上繼續雇用他。有關葛斯的閒言閒語還有更極端的：說他年輕的時候成就非凡，如今成了不折不扣的怪人，把幾百萬藏在床底下，靠著養老金過活。

喬不相信這些流言蜚語。但他相當確定，葛斯替公司帶進一些客戶，不過他實在很難把葛斯和超級業務員劃上等號，就以穿著來說，葛斯每天穿的就像是高中老師般，倒是讓喬想到退休的鄉下醫生，而不像個業務頻繁的生意人。葛斯的態度溫和，一派悠閒，和潛在顧客講起電話就會沒完 沒了，扯個不停（似乎天南地北無所不談，就是不談生意），不定期會休個假，有時還會延長休假，某種程度，葛斯看起來像天朝遺老，稱不上是個有志進取的人。

喬走到葛斯辦公室前，輕敲著敞開的大門。

「請進，喬。」葛斯不急不徐地說著。

「你是說現在就要打電話給賓達，想設法見到他本人囉？」葛斯一邊伸手翻閱眼前那座大型旋轉名片架，一邊說著。很快地，他找到那張泛黃稍顯破舊的名片，並將上頭的電話號碼寫在便利貼上。葛斯看著喬收下那張紙條，看見他拿起電話正準備按下號碼。

「在星期五下午？」葛斯嘴裡蹦出這句話。

「是的，我正要這麼做。」喬咧嘴笑道。

「喬，我不得不承認你這個人有個優點，你的企圖心讓我很佩服。」葛斯一邊說，一邊心不在焉地撥弄海泡石菸斗，「如果要我說出這層樓最有衝勁的員工是誰，答案就是你。」

「謝了，葛斯。」喬覺得很感動。

葛斯在喬的背後叫道：「先別謝我。」

＊＊＊

電話鈴響一聲後，話筒的另一頭一個充滿朝氣的女聲親切地招呼喬，她介紹自己名為布蘭姐。待喬自我介紹，並告訴對方他要想見董事長一面，然後在心裡已經想好台詞來防止這名秘書擋駕。

但接下來的這句話，近乎讓喬傻眼，「他當然可以見你啊！明天早上你可以過來一趟嗎？」

「你是說『明天』？星期六嗎？」喬結結巴巴說。

「是的，如果可以的話，八點會不會太早？」

喬嚇到幾乎要呆住，結結巴巴地說：「難道……，妳不需要事先跟他確認一下嗎？」

「不需要的！明天早上沒問題。」她泰然自若的回答。

一陣短暫的沈默後，喬開始納悶她會不會搞錯了對象，以為他是賓達的朋友，

「小姐？」喬終於擠出話來，「妳應該曉得這是我跟董事長第一次見面，對吧？」

「那是當然，你聽說他有一套商業機密，而你想要學習。」布蘭妲說。

「對，多少算是吧。」喬答道。

商業機密？此人願意分享他的商業機密？喬簡直無法相信自己運氣怎麼這麼好。

「他會準時見你的。事後，你如果同意他的條件，他會再跟你約好其他的會面時間，告訴你真正的祕訣。」她繼續說道。

「條件？」喬聽了心為之一沈。

他敢說所謂的「條件」一定會牽涉到一大筆顧問費，或是一筆他付不起的訂金。就算他付得起，也可能把身家拿來賭注。這事值得繼續嗎？或者他應該趁早收手，現在就找個得體的說法退出呢？

「這是當然，不過你知道條件是……？」喬問。

「你必須聽老頭子親口告訴你。」布蘭妲打斷他的問話咯咯地笑道。

喬抄下對方給他的地址，喃喃道謝後掛斷電話。再過不到二十四小時，他就要見到這位，那個秘書是怎麼稱呼他的，老頭子？

再說，她稱他老頭子的時候，為什麼咯咯地笑呢？

2

祕訣

The Secret

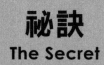

第二天一大早，喬來到布蘭妲告訴他的地址。停車時，他抬頭仰望這棟富麗堂皇的石造建築，忍不住讚嘆，不自覺的吹了一聲口哨，心裡想著：「這才叫做氣派，這個人一定很有影響力，絕對錯不了。」

其實，前一晚喬已經在家先做過功課。他透過網路了解賓達，發現到他的成就不凡。不僅事業做得很成功，業務遍及各行各業。現在，他幾乎已經從自家公司退休了，把大部分的時間用來教育和指導別人。而且，他的行情炙手可熱，《財星》五百大企業的執行長都爭相找他當顧問，或是請他當講者分享成功之道。說他是企業界的傳奇人物也不為過，甚至有一篇文章以「企業界最大的秘密」來形容他分享的理念。

「等一下我就要見到這個大人物了。」喬抱著既興奮又忐忑不安的心情。

＊＊＊

「喬，歡迎你來！」一名約莫六十出頭、身材修長，留著一頭泛白的黑髮，身穿灰色西裝、長褲的男子對他微笑著說。

在網路上沒有找到他確切的身價，但是根據各種流傳的說法，絕對是出乎他意料的好。就看眼前這棟豪宅，還有此人一派威嚴、優雅的儀態，在在證實此一印象。而且，從他的笑容看得出來，他那句「歡迎」是出自於真心，而非敷衍。

「早安，先生！感謝您抽空跟我見面。」喬說。

「歡迎歡迎，而且我也要謝謝你，原因是一樣的。」賓達的手握起來強而有力，笑容燦爛。喬回他一個笑容，笑得有點莫名其妙，心中納悶：「他為什麼要謝我？」

「一起去露台上喝杯瑞秋親手泡的熱咖啡，絕對好喝到讓你讚不絕口。」這位主人領著喬繞過大宅，走上一條小小的石板小徑，「來到這裡感到很驚訝嗎？」

「是的。但是讓我更詫異的是，企業界的傳奇人物之中，有多少人願意在週六早上開門接待一個素未謀面的陌生人。」喬坦言。

他們沿著小徑走，賓達一邊點頭，一邊說：「事實上，成功的人向來都是如此。通常，越是有成就的人，越樂意與人分享他們的成功祕訣。」

喬點點頭，試著去相信這個說法可能是真的。

賓達看了喬一眼，再度露出微笑：「喬，外表是會騙人的。事實上，外表幾乎都是騙人的。」

走了一會兒，賓達才又往下說，「有一次我和賴瑞・金（Larry King）同台，就是那個電視台的主持人，你知道嗎？」

喬點了點頭。

「既然他訪問過那麼多的名人、成功人士，我想我不妨以個人的觀察請教他。我問他說：『賴瑞，你所邀請的來賓是否真如表面上看起來那麼討人喜歡？甚至包括那些超級巨星是否也一樣呢？』他盯著我懇切地說：『通常名氣越大的人，越沒有架子，各方表現也越好。』」

說來奇怪，賓達沙啞而熱情的聲音裡，有一股讓人說不出來的感覺，讓喬打從跟他對話開始，就覺得很自在。此刻，喬發現那股說不出來的感覺，就是說書人的聲音。

賓達繼續往下說，「當時賴瑞想了一下，思考他所說的話，接著又說，『我相信，一個人可以達到某種程度的功成名就，並不是什麼特別的事。但是要做到真正非常非常的成功，達到所謂的超級成功，內心一定要有些什麼，或許應該說是一種出自真誠的感覺。』」

他們來到露台上的桌邊，喬往四周看看，克制自己失聲大叫。眼前看到的是，整個城市在他們腳下伸展開來，一座綿延起伏的山脈橫亙在遠處的西方，半掩在有如棉絮的白雲中，面對這般景色讓喬差一點喘不過氣。

兩人就座後，那位名叫瑞秋的年輕女子出現了，手上拿著一壺賓達稱之為「有名」的咖啡。她在倒咖啡時，喬心想：「等我回去後，一定把這個地方形容給蘇珊聽，她肯定不相信今天發生的事。」喬只對老婆說，他要來「見一位潛力十足的客戶」。喬不由得開始想像蘇珊聽到他這次冒險的經歷，臉上表情為之一亮的樣子。

「這杯咖啡真棒，瑞秋煮的咖啡真的很有名嗎？」喬說。

「在這棟屋裡很有名，我不是個愛打賭的人，如果是的話，你猜我會賭什麼？」賓達笑笑說。

喬搖搖頭。

「我會打賭，有一天這杯咖啡會舉世聞名。瑞秋這個人很特別，她到這裡做事雖然才短短一年，不過我有預感，不久之後她就會離開我們。我鼓勵她去開咖啡連鎖店，因為她煮的咖啡實在太好喝了，不跟其他人分享實在太可惜了。」

「我明白你的意思。」喬傾過身去，擺出一副只有你知我知的樣子，「如果能夠量產，你們倆聯手就賺死了。」他往椅背靠了靠，又喝了一口。

賓達放下咖啡，若有所思地看著喬。「喬，今天早上的時間這麼短，我想就從這裡開始吧。說到財富的創造，你我出發的角度不同，如果要一起走的話，我們勢必要方向一致。你有沒有注意到，我說的是『分享她的咖啡』，而你說的卻是『賺死了』。你發現其中的不同嗎？」

喬雖然不確定自己是否感覺到哪裡不一樣，但他還是硬著頭皮說：「有……，我想是有。」

賓達笑了，「請你不要誤解我的意思，賺錢沒什麼錯。事實上，是賺很多的錢，只不過這個目標不會讓你成功而已。」賓達看出喬臉上困惑的表情，點點頭並舉起手來，表示他會進一步解釋，「你想知道如何成功，對不對？」

喬再次點點頭。

「好吧！我現在就跟你分享我的商業機密。」賓達微微俯身向前，輕輕說了一句，「**給予。**」

喬靜待下文，但是顯然這就是全部，「對不起，我沒聽清楚？」

賓達笑了。

「給予？」喬重複道。

賓達點頭。

「這就是你成功的祕密？你的商業機密？是『給予』？」

「正是。」賓達說。

「啊！」喬出聲說，「嗯，但是……，那個……。」

「就算是真的，也太簡單了，這不會是真的吧？」賓達問，「這就是你想的？」

「差不多。」喬怯怯地承認。

賓達點點頭，「別緊張，事實上，大部分人聽到成功的祕訣是『給予』都會是這樣的反應，甚至一笑置之。不過話又說回來，大部分人也都達不到他們想要的成就。」

這點喬無法反駁。

「你想想，大多數人都抱著這樣的心態，對壁爐說：『先給我一點溫暖，然後我再丟柴進去。』或者對銀行表示：『給我利息，然後我才存錢。』想也知道，這樣是行不通的。」賓達繼續說。

喬眉頭緊蹙，試著分析賓達所舉的例子。

「懂了嗎？你不能同時往兩個方向前進。想要賺錢達到成功的目標，就好像以一百公里的時速在高速公路上開車，目不轉睛地盯著後視鏡一樣。」賓達說完喝了一口咖啡，靜待喬整理思緒。

喬感覺自己的腦袋好像以一百公里的時速在高速公路上往後走，「好吧，」喬緩緩開口，「所以你是說，成功的人著重在……給予，分享，諸如此類的，」他看到賓達在點頭，「然後，這些替他們帶來成功？」

「正是如此。」賓達叫道，「現在我們方向一致了！」

「但是……，不會有很多人占你的便宜嗎？」

「問得好。」賓達放子杯子，俯身向前，「絕大多數的人從小到大，都是把這個世界看作是一個有限度的地方，而不是一個無窮盡的地方；是一個競爭的世界，而不是一個合作的世界。」

賓達看到喬又是一臉不解的樣子，「狗咬狗。也就是說，大家表面都裝作很客氣，但是一旦面對事實後，不難發現其實人人都是為己的。這些話應該跟你想的很接近吧！」他解釋。

喬承認一語命中他心中所想。但是，無論如何，他確實是這樣想的。

賓達說，「其實，這話完全不對。」他注意到喬露出充滿懷疑的表情，卻繼續說，「你聽過人家說：『你無法想要什麼就有什麼』嗎？」

喬咧嘴而笑，「你是說滾石合唱團的那首歌？」

賓達微笑，「事實上，我想早在米克．傑格（該歌主唱）出現前就有人這麼說了。不過，是沒錯，大概就是這樣。」

「你不會是要告訴我，那不是真的吧？其實，我們想要什麼，就可以有什麼？」

賓達說，「那句話倒是真的。人生在世，通常得不到你想要的。但是，如果得到你所預期的，就會是你的收穫。」他再度俯身向前，放慢說話的速度以示強調。

喬再度皺起眉頭，試著在腦子裡檢驗最後這句話的道理。賓達把身子往後靠到椅背上，喝著他的咖啡，看著喬。靜默片刻之後，賓達繼續往下說，「或者換個說法好了：你的重點在哪裡，就會得到什麼。聽過有句話說：『你要找麻煩，麻煩自動會找上你』嗎？」

喬點點頭。

「這話是真的，而且不僅適用於麻煩而已。所有的事情都是同樣的道理。你要找衝突，衝突自然會找上你；你要找人占你便宜，人家自然會占你便宜。你把這個世界看作狗咬狗的世界，就會看到更大隻的狗盯著你，把你當作下一餐。你想發掘人們美好的一面，就會發現人們有的是天分、才智、同理心，種種的善意多到讓你吃驚。最終而言，這個世界多多少少是按你所預期的方式對待你。」賓達停頓片刻，好讓喬消化吸收一番。

「事實上，喬，發生在你身上的事跟你很有關係，而且經常會讓你大吃一驚。」

喬吸了口氣，「所以，」他緩緩說出後面的話，邊想邊說，「你是說如果你不去預期，別人就不會占你的便宜？因為你的重點不是為了自私自利與貪心，即使四周都是自私自利或貪心的人，對你的影響也不大？」接著靈感忽然閃現，「就像一個人免疫系統健全，縱使四周都是病毒，也不會染上疾病。」

賓達的眼睛一亮，「妙極了！這個說法別出心裁。」他先前從西裝口袋裡掏出來一本小冊子，這時候他一邊說，一邊在上面振筆急書，「我得把那句記下來。你介意我採用那句充滿智慧的話嗎？」

「我不介意的，儘管拿去用，多的是。」喬的大手一揮，他突然想到自己太放鬆，馬上補充說：「起碼我老婆總是這麼說。」

賓達一邊大笑，一邊將那本小筆記塞回了口袋。他將兩隻手放在膝蓋上，直視眼前這位比他年輕的男子。

「喬，我想跟你一起做件事。我想把我稱之為五大超級成功法則證明給你看。如果你能夠挪出一點時間，比方說，天天做，持續一週。」

「當真？」喬幾乎結巴起來，「一週？我……，我不知道能休幾天的假……。」

賓達隨意地擺擺手，彷彿是說，時間算不了什麼，「沒問題的，一天只需要一個小時，就利用午休時間。你每天總要休息吃午餐吧？」

喬目瞪口呆，點頭稱是。這位鼎鼎大名的董事長要我每天跟他見面一個小時，時間長達一星期？把他最寶貴的商業機密的細節全部傳授給我？

「不過呢？首先，你必須同意我開出來的條件。」賓達繼續說。

條件！喬把這點全給忘了。布蘭妲說過，只有同意賓達的條件之後，才能安排更進一步的會面。

喬嘆了口氣，「我實在沒那個財力……。」

賓達舉起雙手，「拜託，別擔心！不是那麼一回事。」

「那麼，我需要簽保密條款或是？」喬起了個頭……。

一說出口引來賓達的大笑，聲如洪鐘，「沒有保密條款，要說有的話，也是相反。我之所以把這五大法則稱為商業機密，並不是因為我不想讓別人知道；原因正好相反。我之所以稱它為商業機密就是要讓人家發現，這樣大家才會趨之若驚，也才會給予適當的重視，因為它其實是一種榮譽的措辭。」

「對不起，你說什麼？」喬不知所措。

賓達笑了，「機密這兩個字。最初，它代表受到珍視的東西，經過篩選，反覆的評估後，成就了它的特殊價值。其實，如果可以的話，我真想讓每個人都知道這五大法則。」

「事實上，這也就是我提出條件的原因。條件只有一個。喬，你做好心理準備了嗎？」賓達補充道。

喬點點頭。「你必須身體力行去實踐我告訴你的每一條法則。不是用腦袋想，不是用嘴巴說，而是應用到生活之中。」

「不止是這樣而已。每一條法則你都得馬上應用，從一學到的那天就開始用上。」

喬盯著賓達，想知道他是不是在開玩笑，「你說的是真的嗎？在晚上上床睡覺之前嗎？否則我會變成一顆南瓜？」

賓達的表情一轉，咧嘴而笑，「你說到重點了，你不會變成一顆南瓜。不過如果你沒有遵守我們的約定，我倆的會面就會結束。」

「可是，你如何知道我有沒有應用上呢？」喬結結巴巴的說。

「又是一個很好的問題。我怎麼會知道呢？」賓達若有所思地點點頭，「我不會知道，但是你知道，這是榮譽制。如果在我告訴你的那天，你沒有馬上應用它，我相信，第二天早上你會打電話給布蘭妲，取消會面。」

賓達看著喬。

「我必須知道你是認真的。更重要的是：你必須知道你自己是認真的。」

喬緩緩的點了個頭，「我想我明白了。你要確保我不是在浪費你的時間，這很公平。」

賓達笑了，「喬，我無意冒犯你，但是你還沒有那個能力呢！」

喬看起來一臉不解。

「我是說，你沒有能力可以浪費我的時間，這點只有我自己才辦得到。說真的，很久以前我就改掉了這個惡習。我提出這個條件的原因是，不想看你浪費自己的時間。」

喬低下頭，看到賓達伸過來的手。他握住對方的手，緊緊一握。他感到一陣激動，彷彿即將展開一段媲美印第安納・瓊斯的冒險活動。

「就這麼說定了。」喬對著笑容滿面的董事長，回以真誠的一笑。

3

價值法則
The Law of Value

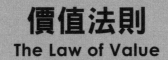

星期一中午前，喬再度來到石造大宅，急著想要經歷即將發生的事。他只知道等一下會見到賓達與賓達的朋友，後者是房地產大亨，他同意跟喬談談成功的第一條法則。

對於這一整套「給予」的生意經，喬還是感到很疑惑，也不曉得這套商業機密是否對他有用。

「不過，肯定對賓達十分有用，」喬把車開出兩旁植滿綠樹且寬廣的車道，心裡想著，這個人不只是資歷顯赫，坐擁豪宅房產而已，「這傢伙散發出成功的氣息，不只是有錢而已，而是比金錢更有力的東西。」

整個週末，他什麼事都不想光想這件事，但是還是說不出來那個「東西」是什麼。

喬繞過環狀車道，來到石階前面靠邊停車，賓達就站在那裡等他。喬還來不及熄火，賓達就打開駕駛座旁邊的乘客席，上了車。

「坐你的車沒問題吧？我可不想約會遲到。」喬感到一陣失望，因為他今天喝不到瑞秋的「有名咖啡」。

「這給你，你可以沿路享用。」賓達說著，遞給他一大杯熱騰騰的咖啡，並扣好安全帶。

二十分鐘後，他們來到市區，停在伊阿費瑞特義式暨美式簡餐店前。喬發現這家店不僅只是咖啡館而已，因為他眼前看到的是座無虛席，而且門口還排了一長列的隊伍。

走入店裡，有個顧客朝賓達擠了過來，嘴裡不斷抱怨著人擠人的狀況。

賓達對著他笑了笑，令喬感到很意外。

接著，店裡的經理立刻走過來，護送他們到角落的座位。

「不用說也知道，賓達八成是這裡的貴賓。」喬心想著。

「謝謝你，薩爾。」賓達說。薩爾對賓達鞠了個躬，對喬眨了眨眼。喬突然想到，賓達對所遇見的每一個人態度都是非常親切有禮。一邊就座時，喬對賓達說，「待人親切總不會有害。」

賓達回答道，「我年輕的時候，某天走路去見第一次約會的女伴。當時我拐彎往她住的那條街上，儘管內心很緊張，腦裡不斷複習待會的開場白，不料一名比我年長的男子迎面撞上我，他的頭撞到我的頭，腳踩到我的腳。他對自己沒有看路感到很不好意思，深恐撞傷了我，我對他說並向他保證，『沒有大礙。因為有人告訴我，我的頭很硬，希望沒傷你！』他詫異地笑了。我祝他愉快後，急急忙忙趕去見這位女友。」

「來到這個女孩家之後，過了一刻鐘左右，我聽到前門一開。『爸爸！』女孩大聲叫，快來見見我的男伴。」

賓達突然住嘴不語，眼睛看著喬，彷彿等他來把故事說完。

喬照做，「讓我來猜猜看，此人就是先前撞上你的那個人。」

「你說得沒錯！他去店裡一趟很快就回來了。他稱讚女兒的好眼光，對她表示我是一個細心體貼、殷勤有禮的青年。」賓達表示猜對了。

「所以，你們的關係一開始就很順。」喬表示。賓達笑了，「確實沒錯。而且保持很順利，那位美麗的小姐至今與我結縭近五十載。……恩內斯托！」他朝著對他們走過來的大廚叫著，「日安，老友。」賓達用義大利語喊。

這個胖胖的傢伙綻開笑容，在他們的桌邊蹲下身來。「你要介紹我認識你的新朋友嗎？」恩內斯托的口音聽得出是輕快的北義腔。

「恩內斯托，這位是喬。喬，這是恩內斯托。」一名年輕的侍者拿著兩份菜單前來，喬和賓達還來不及開口說半個字，恩內斯托就轉身對那個年輕人，霹哩啪啦說了一連串輕柔的義大利語。

接著，那名侍者動作飛快地再度離開。「恩內斯托，告訴我這位年輕的朋友，一開始你是怎麼當上廚師的。」

賓達說。恩內斯托看著喬，說：「熱狗。」

喬眨眨眼。

「我來到這裡，應該有超過二十年了。當初的我是個傻呼呼的年輕人，存的錢只夠買一台熱狗車，加上辦一張營業執照。事實上，再想一想，那張執照花的錢比車還要多！」恩內斯托說完哈哈大笑。

賓達咯咯輕笑。

喬有一種感覺，這則故事賓達已經聽過很多次了。

「起初，經營困難，不過我累積了一些老主顧，口碑傳出去了。過了幾年，市政府把我那輛小車納入年度最佳攤販旅遊指南。」恩內斯托說。

這位大廚停下來，回頭看看那座烤架。

「真的嗎？」喬說，「全市最棒的熱狗攤？真是厲害。」

賓達笑著糾正他，「全市最棒的戶外用餐體驗。」

恩內斯托謙虛地舉起雙手、聳聳肩地說，「他們對我很好。」

「可是，你是如何辦到的？我是說，我無意冒犯，可是一個熱狗攤如何設法勝過這一帶流行的露天咖啡廳呢？」喬結巴了。

恩內斯托再一次戲劇化地聳肩，兩道眉毛與兩邊的肩膀同時動了動，好像懸吊木偶一樣表示：誰曉得？他對賓達眨眨眼，「是我運氣好吧？」他再次回頭直視烤架，「失陪一下。」說著站了起來，大步離開。

「真是一號人物。」他們一邊看著恩內斯托快步走進廚房，喬一邊大聲說出。

賓達點點頭，「他確實是號人物。事實上，恩內斯托是這裡的主廚。」

「真的?!」喬說。

「是真的！或者應該說，這地方是他的。」賓達回應道。

「哇！真的啊！」喬不解。

侍者把食物端到他們面前，賓達謝過對方。他咬下第一口用巴馬乾酪做成的茄子特餐，閉上眼睛，滿足地說道，「這個人是一位藝術家。」

「真好吃。」喬表示同意。他一邊埋頭吃起美味的這一餐，一邊想到蘇珊一定會喜歡這個地方。兩個男人靜靜地享用了一分鐘左右，賓達才又繼續開口。

「事實上，如今他手上持有六家店，還有價值數億美元的商業不動產。而這一切的一切都是從一個熱狗攤開始的。」

聽完賓達所言，喬吃驚地手滑了一下，銀製餐具掉在桌上，他拾起叉子，「我們來這裡就是見他？房地產大亨就是他？」

恩內斯托朝他們這桌走回來的時候，賓達正在對喬竊竊私語：「記住非常有用的一點：外表會騙人。」接著，他緩緩往旁邊挪動，騰出空間給這位主廚，「事實上，外表總是會騙人。」

恩內斯托坐到賓達旁邊。接下來的五分鐘，他和賓達很快地替喬上了一課，簡介恩內斯托的事業生涯。

年輕的恩內斯托．伊阿費瑞特當時在餐廳工作，直到幾個企業主管「發現」他，才決定揚棄在高級餐廳的職務，改行在路邊攤賣熱狗，目的是讓一些業務人員方便談生意。

言談之中，恩內斯托很少談到自己，但是其中一位常客，恩內斯托簡單稱他為「聯繫者」（喬記在心上，決定稍後再向賓達打聽這一號神祕人物），終於了解恩內斯托曾經當過主廚的背景，當時他擁有精明的生意頭腦，一心一意提供服務，令這幾位主管留下深刻的印象，他們集資成立投資集團，提供資金給他開餐廳。

「不到幾年的時間，」賓達打岔，「他的小小咖啡館生意做得有聲有色，足以讓他再拿錢把我們的股份買下，過程中我們每個人都賺到一筆相當可觀的利潤。」

恩內斯托並未就此停下腳步。他在地方上成立餐飲集團之後，開始拿出一部分的收益，去投資與他的餐館相鄰的房地產。幾年下來，他成了城裡最大的幾個商用不動產業主。

喬聽著聽著，意識到恩內斯托還有另外一面，這是他一開始並沒有看到的，也就是，在快活的義大利主廚的面具下，還有強烈的專注與與強大的意圖。一察覺到這點，注意力就被這點給吸引住了，他開始明白，那一小撮主管為什麼會投資這個人的未來。

喬明白賓達強調「體驗」這個字眼的理由了。這個年輕人之所以如此深獲人心，不在他賣的熱狗，而是提供熱狗服務這件事；不在吃，而是在吃的體驗。恩內斯托將買熱狗變成一件令人難忘的事。

賓達指出，尤其是對小孩而言。

「我一向很會記小孩的名字。」恩內斯托解釋說。「而且記住他們的生日。」

賓達繼續說，「還有他們喜歡的顏色，他們喜歡的卡通人物，他們的好友姓啥叫啥。」他瞄瞄喬。

恩內斯托又一次做出聳肩的招牌動作，「我能說什麼？我喜歡小孩啊！」

小孩子開始拉著父母親來這個小小的熱狗攤。不久，這些父母親也帶著他們的朋友來。結果證明，恩內斯托也擅長於記住大人的興趣，就如他對小孩一樣有辦法。

「誰會不喜歡被欣賞呢？」恩內斯托說。

「這是做生意的黃金法則，」賓達補充道，「一切條件相當的話……。」

恩內斯托替他講完這句話：「……大家都會跟他們熟悉、喜歡，而且信任的人做生意。」他轉頭看著喬，「告訴我，一家好餐廳與一家很棒的餐廳差別在哪裡？為什麼有些餐廳做得好，而只有少數幾家餐廳，好比這家餐廳，做得特別好呢？」

「顯而易見，食物比較好。」喬毫不遲疑地回答。

恩內斯托笑得很開心，笑聲響徹整間店。有好幾個人紛紛轉頭，但他的笑聲像池裡的漣漪一樣，在餐廳泛了開來。

「先生，真是感謝啊，你真是老饕！但是我不得不承認，我們的食物好是好，但是在這方圓三條街內，有六家餐廳提供的食物跟我們一樣好吃。儘管如此，即使是生意最好的晚上，他們的顧客有我們這裡的一半就要偷笑了。你想想，為什麼會這樣呢？」

喬無解。

「一家普通餐廳！」恩內斯托繼續說，「只會提供顧客足夠的食物與服務，在質的方面與量的方面都是如此，證明他們賺顧客的錢賺得合理。一家好餐廳，力求在質與量上提供最好的服務，讓顧客花錢花得很值得。」

「但是一家很棒的餐廳，會努力挑起想像力！不論是多少錢，會提供比那筆錢所能買到更好的食物與服務，這就是它的目標。」他看看賓達，再回頭看看喬，

「老頭子有沒有告訴你，他會讓你知道他的五大法則？」

喬迫不急待地點頭。他正要學到超級成功的第一條法則。

恩內斯托再次看著賓達，「我該告訴他嗎？」

「請說！」賓達笑著回答。

恩內斯托往喬靠去，用一種同謀的口吻低聲說：「**價值法則：你真正的價值決定於，你所能給予的價值，而不是你所獲取的報酬。**」

喬不知該如何反應。給予遠比你所得到價值還要更多？這就是他們之所以成功的大揭密嗎？

「對不起……，我不是很明白你的意思，」喬承認道，「我很欣賞你的白手起家，你的故事顯然很驚人。但是，老實說，這聽起來很像是破產的方法！幾乎就像逃避賺錢一樣。」

「一點也不，」恩尼斯托伸出一根手指來回搖啊搖，「『賺不賺錢？』這個問題不錯，也問得很好。只不過先問這個問題並不好，因為這一開始就指向錯誤的方向。」

他讓喬仔細思索片刻，然後繼續說。

「第一個問題應該先問：『是否提供了服務？是否有附加價值？』如果答案是肯定的，然後你才可以繼續問：『賺不賺錢？』」

「換句話說，要超出人們的預期，他們才會多付錢。」喬說。

「這是從另外一個角度看，」恩內斯托答道，「但是重點不在要人家多付錢，而在多給他們，就是給、給、給。為什麼？」又是一聳肩，「因為你就愛。這不是一種策略，而是一種生活的方式。當你這麼做的時候，……」他咧嘴大笑，補充說，「接著就會開始出現很有賺頭的事。」

「等等！」喬說，「所以，『就會開始出現很有賺頭的事』——可是我以為你是說，不計較結果。」

「沒錯，我們並不考慮。但這不表示不會賺錢！」恩內斯托同意道。

「而且當然會賺，」賓達補充說，「世上所有龐大的財富，都是充滿熱情的男男女女所創造出來的，他們對給予的熱情勝過獲得，給予產品、服務或點子，充滿了熱情。而這些龐大的財富被許多人揮霍掉了，這些人對獲得比對給予更感興趣。」

喬努力掌握他所聽到的一切。這似乎有道理，起碼這兩個人在講的時候似乎很有道理。但是就他所能理解的，這實在是與他的經驗不符，「我看不出來……。」

「啊……」喬說到一半，賓達出聲，豎起食指，打斷喬的話。

喬的腦袋一片空白，「怎麼了？」

恩內斯托露齒而笑。他靠向喬說：「他有沒有跟你提起他的，你曉得的，條件？」

有那麼一會兒，喬看起來一臉困惑，然後他明白了，「是啊！條件。」

賓達笑了，「這不是理解的問題，而是實行的問題。」

喬嘆氣，「對！」他重複道，「我需要找個方法應用它。」他看著兩位男士，接著補充說：「不然我會變成一顆南瓜。」

兩位男士開心的發出笑聲，喬感覺自己的心情變得輕鬆，也咧嘴笑了。眼前，他忘了自己私下對影響力與競爭優勢的追求。

賓達已經站起來了，「我們該走了，這個年輕人需要回去幹活。」

「你們明天要見誰？」恩內斯托問喬。

喬看著賓達。

「明天，一位不折不扣的天才。」賓達答道，「執行長！」

恩內斯托點點頭說，「是執行長啊！很好，非常好。耳朵張大一點，年輕人。」

執行長！喬努力想像，這個人會是誰。

第一條 價值法則

你真正的價值決定於，你所能給的價值，而不是你所獲取的報酬。

條件
The Condition

4

送賓達回去後，喬開車前往辦公室，這段車程中他覺得頭昏腦脹，腦海裡不斷重播午餐的片段，他試圖再次檢驗恩內斯托的故事，期待能夠解開心中的謎團。他知道線索就在前方，但是他卻始終看不透。

直到目前為止，這五大法則聽起來像是，從兒童節目主持人羅傑斯那裡聽來的，而不是從股神巴菲特那裡得來的。

「給、給、給。為什麼？因為你就愛。這不是一種策略，而是一種生活的方式。」喬沈思默想，感到內心深處有一股力量持續在拉扯。直到坐到座位上，處理例行公事後，才明白令他不安的念頭是什麼。

「影響力與優勢。」

第三季的配額！他得想出一個辦法，在週五前拿到大巫的這個客戶。他和賓達之間的會面是否讓他更加接近目標呢？他回想起星期六那天第一次和賓達會面的情形……。

他開始喃喃自語，那個條件。

喬四下看看他的同事，彷彿擔心有人會注意到他在自言自語，或是聽見他腦袋裡的想法。那個條件，他必須在這天結束之前，馬上應用價值法則。

但是怎麼做呢？這時，無線電話響了，他從桌上一把抓起電話，「我是喬。」

「喬，我是吉姆．葛洛威。」

喬聽到吉姆充滿歉意的聲調，當下心一沈。葛洛威是律師，喬偶爾會和他共事，他們兩對夫妻時常一起打網球。吉姆是個好人，從他的聲調判斷，喬猜想他的來電是要宣布壞消息，也就是和吉姆所代表的跨國企業續約的事情告吹了。

「抱歉，老兄，我努力過了，公司說要找海外關係更強的。我剛掛斷電話，我能幫上的忙實在不多。」

先是大巫的那個客戶，現在是這個！喬小心不讓自己的聲音洩露失望之情，「別想太多，沒問題的，我們下回再合作吧！」他正要掛斷電話，接著又把話筒湊到耳邊，說：「請等一下，吉姆？」他等了一下，才聽到那頭的聲音。

「喬？」

「是，吉姆，先不要掛斷。」喬彎下腰，伸手打開抽屜，裡面放著重要競爭對手的名片。這些名片代表他每天的任務，必須先發制人打敗的對手。經過一番短暫的找尋，他找出一張名片。

喬瞪著那張名片，心想：「付出更多的價值？好吧，管他的。」

「吉姆？或許你可以試試打電話給這傢伙，艾德．巴尼司。巴－尼－司。聽說他在海外很強……，是我們的競爭對手。不過我想，他應該可以幫你一把。」

這些話一出口，喬不知自己應該是要哭還是要笑，「吉姆，你不欠我什麼。我只希望有好結果，很遺憾這回我們公司幫不上忙。」

他掛上電話，並瞪著電話看，不敢相信自己剛剛的行為。「這傢伙剛剛敷衍我，而我居然替他轉介？」他低聲嘀咕，「還把相當棒的生意丟給競爭對手？」

喬猛然抬頭，看見葛斯站在他的辦公室門口，正盯著他。

葛斯微笑，點點頭。

喬點頭回應，繼續忙著他手邊的工作。

報酬法則
The Law of Compensation

5

第二天中午，喬出現在兒童教育軟體公司的接待櫃台前面，他看見一位年紀坐六望七，卻神采奕奕的女人，她的桌上放著一個斗大的黃銅製名牌，上頭寫著瑪姬。

「來見執行長，是嗎？」她招呼道，不待喬回答，便伸出手來，「我是瑪姬。」

「是的。」喬握著伸出來的手承認道。他緊張兮兮地四下看看，想知道賓達人在哪裡，「我來早了嗎？」

「你的朋友，賓達先生嗎？他留了話，說他馬上來。別擔心，我馬上安排你去會議室，妮可會去照顧你，替你倒杯茶……。」她笑著說。

喬跟著這個女人，沿著一條明亮的走廊走下去。女人打開會議室的門，喬開始往裡面走，走到一半停住不動。到底在搞什麼？

這不像喬所見過的會議室。

喬以為會看到一張長長的、擦得發亮的大型會議桌，配上最新的視訊會議系統。結果，室內排著一張張小木桌，桌上散放著一罐罐的黏土、五顏六色的軟管、一疊疊的勞作紙，還有數不清的色筆。一排兒童用的畫架沿著牆邊站立，上面貼著一張張用手指畫的圖表，甚至於牆上還有更多這種圖樣。

不過，令喬看得目不轉睛的並不是室內配置的方式，而是整個房間的混亂。裡面大約有十幾個人，年紀從二十八、九歲到六十出頭不等，一同站著說說笑笑。在喬眼中看起來，所有的人都在忙著興奮地製造混亂。有的人將一團團的黏土揉在一起，有的人將手指上的顏料抹在畫架上。有個女人手上拿著軟管，試著把它彎成不可思議的角度，她猛盯著看，認真的態度猶如哈姆雷特凝視小丑尤瑞克的頭骨。

喬看得目瞪口呆。彷彿自己是從現實世界跌進時空隧道，來到幼稚園的教室。

「不好意思！」瑪姬的眼睛眨都不眨，只是關上門，大步沿著走廊往下走，來到下一個房間，招手要喬跟著，「我想，應該是另一間會議室。」

瑪姬隨手關上身後的門，感到一陣混亂的喬喃喃道謝。他發現自己單獨在一個房間裡，裡頭的擺設和剛剛看過的那間很像。他看著滿牆的作品，它們洋溢著感情，流露出不受拘束的真實，令他稱奇。

「叩叩」一聲，門輕輕地開了。喬嚇一跳地轉過身來，發現自己與一個年輕的女子面對面，她面帶笑容。喬聞到一股熱騰騰又熟悉的味道，見到她端著一壺咖啡。

「嗨！我是妮可。你應該就是喬吧！」她說。

喬點點頭。

「賓達來過電話，他再過兩分鐘就到。你等他的時候，要不要來點咖啡？這很可能是你有生以來喝過最好喝的咖啡。」

「麻煩你，謝謝！」喬終於有點回到現實的感覺。妮可開始幫他倒咖啡，喬環顧室內，問：「所以我真的會見到執行長嗎？」

「就我所聽到的是這樣。」妮可回答。

「是的，不過我的意思是，我們真的要在這裡見面嗎？」

妮可看著四下，「這地方有點不太一樣，對不對？」

「是的，有一點瘋狂的感覺。」喬輕聲地說。

「謝謝！」妮可說。

喬訝異地看著她，「這跟妳有關嗎？」

妮可再瞧瞧整個房間，欣賞地留意所有的細節，「這個房間的設計是我想出來的，或是應該說是我組合成的。」

「我來猜猜看，妳有小孩？」

妮可放聲大笑，「這還用問嗎？應該有幾百萬個。」她注意到喬的表情，又笑了，「不過是在小學，而我是老師。」她解釋說，「以前是老師，至少，來這裡做事之前是。」

喬再次看看四周。妮可面露微笑，「信不信由你，大人真的會在這間房間裡完成不少事情。你不會相信指畫和黏土對一群腦袋瓜卡住的大人所產生的影響力。」

「我想是吧，」喬說。他朝隔壁房間點個頭，「所以那是……？」喬努力想要找個方法把問題問完。「那是什麼呢？焦點團體之類的嗎？還是那些是一群父母嗎？」

妮可笑了，「那些人是公司行銷部門的高級主管，他們正在做腦力激盪，構思下一季海外市場的藍圖。」

公司行銷部門的高級主管？喬還來不及多問，就聽到一聲輕輕的開門聲，以及那個說書人熟悉又熱情的聲音。

「哈囉！」賓達大步朝這位年輕的小姐走過來，親切地握住對方的手，「妮可！十分感謝妳抽空接見我這位年輕的朋友。我跟他說了，他需要和一個真正的才女談談！」

女子的臉一紅。

真正的才女？喬極力掩飾他的驚訝。原來他已經在跟執行長談話了。

「妮可，」賓達繼續道，「來認識喬，我新交的朋友。喬，這位是妮可．馬丁，她所經營的教育軟體公司非常成功，是全美數一數二的。」

「可是，可是妳是這麼的年輕！」喬感覺到自己這麼說有點蠢，但是這個女人的年紀看起來和他差不多。

「不像我的客戶那麼年輕。」妮可微笑回答。

賓達在一張低低矮矮的木頭桌子旁邊坐下，翹起腳來，開始在他帶來的大紙袋裡翻找。

「我們出售一系列的學習軟體，給美、加等十三國的學校系統。」妮可解釋，「但是別擔心，終有一天，我們會成為真正的大公司。」她露出燦爛的笑容補充說道。

趁著妮可說話的時候，賓達從紙袋裡拿出三份三明治，每一份都用蠟紙小心包著，接著是三瓶玻璃罐裝的礦泉水，「好了，先生女士，午餐時間到了！」他宣告。

一邊吃著賓達帶來的午餐，喬一邊聽取兒童教育軟體公司的歷史，認識創辦人妮可．馬丁。

妮可是一個很有才華的小學老師。學生家長都很喜歡她的教學方法，學生都喜歡她。但是她教得卻不怎麼開心，因為受到體制的約束，老師為了成績只能教學生死記和背書。

於是，她設計出一系列的遊戲，激發兒童的創造力，培養孩子們對知識的好奇心。發現自己的發明對兒童的學習與成長有所幫助，令她感到興奮。雖然這個發明很成功，但是一次卻只能幫助二十到二十五個小孩，這個事實讓她越來越沮喪，而教師的薪水也僅能勉強維生而已。

「我想你已經知道超級成功的第一條法則了？」妮可問喬。

「你真正的價值決定於你所能給予的價值，而不在於你所獲取的報酬。」喬答道。

「很好，可以得到一顆金星獎勵！不過這麼做不見得表示你所得到的報酬會增加。」妮可說。

喬聽到她這麼說，鬆了一口氣。昨天，第一次聽到恩內斯托解釋這條法則的時候，他也是這麼想。

「第一條法則決定你的價值，」妮可繼續往下說，「換句話說，是你成功的潛力，你可能賺到多少錢。但是決定真正可以賺到多少錢的是第二條法則。」

有一天，妮可與一位家長在開會討論。妮可提起，孩子們有多麼喜歡她所設計的這些遊戲，可以從中獲益良多。她知道這位小朋友的父親是位軟體工程師，便問對方能否接受雇用，看看這些遊戲能否程式化、電腦化。對方同意了。

第二週，妮可再次和這位軟體工程師碰面，這回他帶一位學生的母親同行，對方經營一家小型的行銷與廣告公司。幾天之後，這三個人共同成立一家公司。妮可設法透過一位朋友的朋友，籌到一筆種子資金，她稱這個人「聯繫者」。

又來了，又是「聯繫者」！喬心想等等一定要問問賓達。

才幾年的光景，這家剛成立沒多久的教育軟體公司，全球年營業額就超過兩億美元。身為創辦人暨執行長的妮可也替全美各地的學校體系、教育組織、教育研究人員提供諮詢。

「我們期望透過兒童學習系統，影響二千萬到兩千五百萬名兒童的生活。」妮可指出。

「這就是第二條法則。**報酬法則：你的收入決定於，你替多少人提供服務以及服務的品質。**」

妮可補充說：「又或者換個說法，你的報酬與你所影響的人數成正比。」

妮可靜靜坐著吃完三明治，讓喬有機會慢慢將報酬法則消化一番。一陣短暫的沈默之後，喬開始說出他的想法。

「你們知道嗎？我一直覺得這世界很不公平，」喬開口了，「電影明星和一流的運動員賺大筆的錢。執行長和企業創辦人能夠分配到大筆的利潤。對不起，我無意冒犯。」喬急忙補充。

妮可很有風度地點點頭，示意他繼續講下去。

「可是從事崇高的工作、神聖工作的人，比方說教師，從未得到應有的報酬。看起來似乎沒有一個標準，可是妳說報酬不只關乎價值，而是影響力的問題。」

妮可與賓達迅速交換一個欣喜的眼神，為喬對這條法則的迅速領會感到高興。

「一點也不錯，」妮可大聲說，「關於這點，有兩件驚人的事。首先，這表示報酬的標準由你來決定，事情在你的掌控之下。想要更加成功，就要尋求方法去服務更多的人。就是這麼簡單。」

喬想了一下，然後點點頭，「那麼，另外一件驚人的事呢？」

「這也表示你能賺多少是沒有限制的，因為你總是可以找到更多服務的對象。馬丁·路德·金恩曾說過：『任何人都可以成為偉人，因為任何人都可以服務他人。』換個說法可能就是：『任何人都能夠成功，因為任何人都能夠給予。』」妮可肯定的說。

賓達仔細盯著喬，這時候他大聲直言：「你有疑問？」

喬點點頭，他問妮可：「我對你們頭一次的會面感到好奇，就是那個軟體工程師父親與做行銷的母親碰面的那一次。難道妳都沒想過，他們可能會帶走你的點子，跑了？」

妮可看起來一臉困惑，「跑了？」

「我是說，偷走？搶走整個點子，把妳丟到一邊去。」

妮可笑了，「老實說，我從來沒想過。我只想到我們可以創造多少好處。」她顯得心事重重，接著露出一絲苦笑，「不過我確實經歷一段有趣的調整期，那時候我才真正開始了解報酬法則。」

「當我明白這份事業可以做到多大的時候，幾乎壞了整件事。突然間，這一切令我神經緊張。」

「為什麼？妳害怕事情失控，結果失敗嗎？」

妮可笑了，「正好相反，我怕事情失控，原因是很成功。」

「我從小所受的教育教我，世界上有兩種人。有一種人會致富，有一種人做好事。我的信仰告訴我，非此即彼，不可兼得。有錢人之所以富有靠的是利用別人。真正關心別人、提供服務者，如警察、看護、志工，當然啦！還有老師，這些人是這個世界上的好人，他們永遠無法致富。這兩個名詞相互矛盾。最起碼，我從小到大都是這樣覺得的。」

喬聽得入迷，「接下來呢？」

「我親眼看著我的合夥人賣命工作，親眼看到我們改變了多少孩子的人生。我發現我的信仰只會礙事。它無法服務他人，所以我決定改變信仰。」

「妳就那麼決定？」喬問。

「對啊！決定。」

「哦，妳可以就這樣改變信仰啊？」

「誰都可以。」妮可笑了笑，她注意到喬懷疑的表情，「你編過故事嗎？」

喬環顧這間遊戲室兼會議室，腦海裡閃過幼稚園時期的自己，「我編過很多，這是常有的事情！」

妮可說，「人生也是這樣的，正是你編出來的。破產與致富都是決心造成的，它是你編出來的，就靠上面這個。」她用手指點點太陽穴，「一切都是它作用的結果。」

喬回想週六早上與賓達的對話。你的重點在哪裡，就會得到什麼。突然間，喬聽到從隔壁的會議室傳來一聲很大的歡呼聲，接著是一陣響亮的歡呼聲，最後變成一片笑聲與掌聲。

妮可笑了，「我想我們剛找出新的亞太市場行銷計畫。」

賓達站了起來，開始收起午餐的包裝紙與瓶罐，喬還來不及意會，就和妮可握起手來，感謝她的撥冗分享。

「你們明天的行程要做什麼，喬？」

喬轉過頭看著賓達。

「明天我們要去拜訪山姆。」賓達說。

妮可說，「你應該會喜歡山姆。」

「山姆是妮可的頭號財務顧問，也是我的。」賓達解釋道。

賓達和妮可相擁道別，這時候喬趁機環顧室內。他看看畫架與指畫、黏土、勞作紙和其他的幼稚園用具，突然有個想法。

「他們在編故事，他們坐在這個房間裡編故事。彩繪，捏塑，然後讓它發生在全世界：兩億美元的價值！」他自言自語。

妮可說，就是編出來的。

第二條　報酬法則

你的收入決定於，你替多少人服務以及服務的品質。

6

奉上咖啡
Serving Coffee

回程十分安靜。稍早時，賓達是搭一個朋友的便車來到兒童教育軟體公司，所以現在就由喬送他回家。賓達看著車窗外的風景，似乎很知足，而這一段的靜默，倒讓喬沈浸在個人的思緒之中。

此刻，喬重新回憶與妮可之間的對話，就如同拜訪恩內斯托之後一樣，試圖想弄清楚他所聽到的一切。是什麼原因讓這名年輕女子擁有如此驚人的成就？事情是否就如她所提到的報酬法則那麼簡單。

當喬把車開進賓達家的車道上，讓主人下車時，瑞秋站在大門口，手上拿著一個小包裹。賓達跳下車，喬倚身過去，對著敞開的車窗向瑞秋大聲說，「瑞秋，午餐很棒。多謝了！」

瑞秋朝著車子走上前來，把那個包裹遞給喬，「不客氣！」

那股香氣立刻透露出裡面的內容。原來是一磅裝著瑞秋「有名咖啡」的咖啡粉，她替喬現磨的。

開車回去上班的路上，喬想起妮可．馬丁這位幼稚園會議室的執行長，納悶著自己到底要怎麼運用第二條法則。他按下上樓的電梯按鈕，回到位於七樓的克拉森希爾信託公司。

＊＊＊

那個下午，梅蘭妮．馬修正專心埋首於她的季末報告裡，意外聞到一股可口的香氣。她抬起頭來，看到喬端來一杯現煮的熱咖啡給她。

「半杯全脂牛奶，一顆糖。」他小心翼翼將咖啡放到桌上笑著說。梅蘭妮很喜歡喝這樣的咖啡，但是她不記得自己曾對喬提起過。還有那股不可思議的香氣！

她謝過喬，喝了一口。

這是她生平喝過最好喝的咖啡。

接下來的三十分鐘，喬替七樓的每一位同事奉上一杯香噴噴的熱咖啡。有些同事跟他很熟，有些人只是點頭之交，還有一些人連見都沒見過。不論熟不熟，大家同樣感到驚訝。因為在第三季截止期限之前，每個人都卯足全勁爭取業績達陣的時候，他們都很高興這位平日積極進取的年輕同事，居然花時間煮咖啡給他們喝。其中有一、兩位同事看起來一臉困惑，一邊默默點頭道謝，一邊在想：「不知道他是撞了邪？還是哪根筋不對了？」

喬端著最後一杯咖啡回到自己的座位上時，葛斯正坐著等他。

「葛斯，你要再來一杯咖啡嗎？」

「謝了，夠了。」葛斯往後靠在椅子上，好奇地打量喬。

「好啦，我上週找你打聽的那位賓達董事長。這星期，我去找他了。」喬說。

葛斯說，「所以這是什麼，像是功課之類的嗎？」

喬聳聳肩，「多少算是吧！昨天，我必須做到『給予比我得到的報酬更多』的東西。」

「啊。所以你就透露情報給吉姆。」

喬臉一紅，這麼說葛斯聽到他的所作所為，「今天，我必須『擴大服務的對象。』」

葛斯無聲地笑了笑，「所以你就替同事奉上咖啡。」

「正是。你想這樣能不能扭轉第三季的業績？」喬環顧整個樓層。

葛斯仔細盯著喬，接著才明白喬是在說笑。

喬補充說，「這是我唯一能夠想到的。更何況，那不只是咖啡而已，是瑞秋的『有名咖啡』。」

葛斯露出微笑，站了起來，「喬，我很高興你去見那個人。你能不能告訴我一件事？」

「當然可以，請說？」

葛斯環顧整個辦公室，「替所有人服務的感覺如何？」

喬回頭看著葛斯的眼睛，「老實告訴你嗎？我覺得自己像個傻瓜。」

葛斯又笑了，靠著喬的耳朵說：「有時候你覺得自己笨笨的，甚至看起來很笨，但無論如何你還是做了。」

說完，他從辦公室的衣帽架上，取下那件花呢外套，回家去了。

7

瑞秋

Rachel

第二天中午，喬再度來到賓達家，瑞秋帶他到書房去，問他要不要來杯咖啡，喬感激地接受了。

「老頭子馬上來。」瑞秋說著，咯咯發笑。

「妳知道嗎？我聽到『老頭子』這個叫法已經有三、四次了。為什麼大家一直這麼稱呼他呢？什麼事那麼好笑？」喬不解的說著。

瑞秋放下手中的小托盤，整個人靠在一張扶手椅上，「你看他多大歲數？」她問。

「這倒是考倒我了！五十八，五十九歲？也許六十出頭？」

「很接近了，」瑞秋露齒而笑，「他今年七十八歲。」

「真的嗎？」喬驚呼。「雖然他都已經坐七望八了，不過他是我所認識這個年紀的人中最年輕的一個。你有沒有注意到他的精力總是那麼的充沛，人又是那麼的熱心？那麼的好奇，還有……，他總是那麼的關心每一件事？」

喬點點頭。

「聽我說，他所做過的事，走過的地方，實現的願望，出乎你意料的多，我們之中沒一個人比得上他。」瑞秋繼續往下說。

「我同意！但他看起來總是那麼……，隨和輕鬆。」賓達給喬的印象不像是有迫切感那種人。

瑞秋笑了，「他看起來當然隨和輕鬆。因為他把自己放得很輕鬆。不是有句話說『慢慢來，比較快』嗎？」

喬不得不承認她說的有道理。成就許多事必然要承受高度的壓力，他一直認為這是理所當然。但是話又說回來，他也認識許多人被壓力壓得喘不過氣來，卻沒有什麼了不起的成就。

「你們今天要去拜訪誰？」瑞秋問。

「山姆！他的財務顧問。」

「你會喜歡山姆這個人的。」瑞秋自顧自的笑了起來。

「我也是這麼聽說的。」喬說。

「他當然會喜歡，因為人人都愛山姆！」賓達滿面笑容站在書房門口。

喬一聽到這位說書人的聲音，感覺自己整個人都放鬆下來。他注意到，同樣的作用也發生在瑞秋身上。他懷疑，他的聲音對每個人都會產生同樣的效果。

喬慢慢地把汽車開出那道鍛造大門，一邊朝市中心前進，一邊回想自己與瑞秋之間簡短的談話，便向賓達打聽瑞秋。

瑞秋出身貧民區，十五歲大就開始做事幫忙養家。隨便什麼活她都做，打掃屋子，美化環境，接電話，端盤子，在快餐台煮飯，在建築工地出賣勞力、粉刷房屋等。最後，她靠著這些雜七雜八的工作念完大專。

其中有些工作讓她得到比較多的樂趣。無論如何，她對於每一份工作都非常熱愛。她提醒自己，不論自己有多在意或是多不在意那份工作，都虧有這個機會才能求生、儲蓄、服務，而做到了這點。

「求生、儲蓄、服務？聽起來好像格言。」喬打岔。

「無疑是有可能成為格言，這是走遍天下工作的三大理由。求生，以滿足基本的生活所需；儲蓄，以超越基本的生活所需，拓展你的人生；服務，以貢獻身邊的世界。」賓達同意道。

喬想到妮可．馬丁反省她早年對成功的恐懼。她說：「不只是服務而已。」

「不幸的是，大部分人終其一生都把重心擺在第一項。有一小撮人的重心放在第二項。但是少數幾個真正有成就的人（不只是在金錢方面的成功，而是在人生的各個層面都很成功），他們斷然將重心擺在第三項。」賓達如是說。賓達繼續敘述瑞秋的故事，喬則在心裡頭咀嚼這三個名詞：求生、儲蓄、服務。

＊＊＊

大約在一年前，賓達在瑞秋工作的書店裡買了幾本書，這時候瑞秋已經靠著個人的努力升格為咖啡館的店長。買好書以後，賓達順道在咖啡館停留，點了杯咖啡。

「我才剛煮上一壺新的，如果你不趕時間的話，何不找張沙發坐下來舒舒服服地閱讀，咖啡一煮好我就幫你端過去。」瑞秋對賓達說。

這位年輕女子的服務態度令賓達印象深刻。等他喝過咖啡之後，對她的印象更是深刻。

瑞秋的手藝不容否認，她煮出來的咖啡好喝極了。她有這方面的天分，從選豆、混合、烘焙到研磨，都能帶出咖啡的風味與香氣。她擁有達人級的本能，對時間與溫度拿捏得恰到好處。她懂得讓機器保持清潔，維持光可鑑人的程度，不會有油漬的苦味沈澱。以及，知道如何選擇最純淨的水源，她煮出來的咖啡總是那麼的好喝，或者應該說，豈止是好喝而已。

「每每有人問起好喝的祕訣，她都笑笑說，她有八分之一的哥倫比亞血統。」賓達告訴喬。

賓達和他老婆剛好要找個人，頂替他們家私人大廚的位置，原來的主廚被一家五星級的大飯店邀請去掌廚。對賓達而言，任何人只要會下廚，能夠把咖啡煮得這麼好喝，就是絕佳的替代人選。由於瑞秋在大學裡剛念完最後一學期，所以她願意。

賓達當場雇用瑞秋。

由於賓達家持續有一票生意夥伴進進出出，這些人包括全美前幾大企業的執行長在內，因此這位年輕的女子很快成了炙手可熱的人物。有幾個人甚至暗示，他們可能會試圖從賓達身邊搶走瑞秋，賓達打趣地提出警告，要是他們敢這樣做的話，他就不再提供諮詢服務。其中一位執行長聽到這番話以後，若有所思地長飲一口這杯「有名」的咖啡，喃喃道：「唉！好吧……，看來我只好忍受了。」

說到這句妙語時，賓達轟然大笑，喬也跟著他笑。他感覺得出來，瑞秋背後的故事還有很多，但是這還要等待時機。

此時，他們已經到達目的地。

8

影響法則
The Law of influence

自由壽險與金融服務公司的地區總部，高踞全市最高、最漂亮辦公大樓。

這棟大樓有二十四層，大部分都租給全市頂尖的投資公司與法律事務所，自由壽險位於二十二樓至二十四樓，而山姆的辦公室獨占整個二十四樓。喬和賓達正往山姆的辦公室走去。

他們走進正門並在保全人員那裡登記。他們經過一間佈置得美侖美奐的大廳，踏進一座高大玻璃帷幕電梯，這座電梯裝飾著美侖美奐，裡面鋪著豪華的皇家藍地毯。

「他們八成賣出很多保單。」喬低聲說。

「這是全世界最大的金融服務公司旗下做得最成功的分公司，而這間分公司所賺的錢，有四分之三都來自同一個人，而你現在就快要見到他了。」賓達回答他。

＊＊＊

「你應該就是喬吧！」這位滿臉笑容的紳士，有著如同門鉸鏈般嘎嘎作響的嗓門，他精力充沛地用雙手抓起喬的手握了起來，我還在想，「差不多又到了老頭子帶人過來，聽我講講話、讓我樂一樂的時候了。」他在賓達的肩膀重重捶了一下。

山姆笑得上氣不接下氣。接著，他引領他們往兩張豪華的皮沙發去，喬趁機四處看看。這一大片位於二十四樓的辦公空間，與其說像企業的辦公室，不如說更像飛機的庫房。圓頂天花板與大型天窗起碼在距離頭頂二十呎處。兩面大型的平板玻璃牆圍出角落的辦公室，透過那兩面牆，喬可以遠眺城市西邊的小山，景色令人嘆為觀止。

喬勉強自己移開視線，集中精神聽賓達與山姆對話，他們倆一來一往地講起山姆的生涯簡史。

山姆．羅森一開始從事保險經紀時，做得很辛苦。多年下來，他以交易公正闖出名號，人們開始找他談判、協商，遇上難以處理的案件就找他調停、斡旋。他在成為該公司頂尖的經紀人之後，便拓展自己的業務重心，開始替客戶提供全方位的理財服務，這些客戶都是經過精挑細選的。

邁入耳順之年，山姆再度改弦易轍，開始和非營利組織攜手合作，尤其是幫助經濟弱勢者、遊民與饑民的機構。如今山姆成了該州的頭號慈善家，大部分時間代表全球各地的慈善團體協商大型契約。

「三十多年前，我第一次見到他的時候，山姆已經累積超過四億美元的業績，到目前為止還沒有人破紀錄。」賓達補充說。

「你八成是全球最厲害的保險業務員。」喬大膽地表示。

「應該是，應該是。」山姆同意道，「我一開始的表現是最差的！當時我的目標是賣保險，入行的前幾年，我就像四腳朝天的烏龜一樣掙扎。你想知道，事情怎麼會好轉，又是什麼讓我翻身嗎？」

喬豎起一根指頭說：「我可以猜猜看嗎？是給予的價值多於收取的報酬這個理念嗎？」

「猜得沒錯！」山姆說，「我改變焦點，從看見自己所能得到的，轉變成自己所能給的，這時候我的事業才開始起飛。但是幹我們這行的，事實上，從事任何一行，都需要知道如何發展關係網絡。」

山姆直視喬，「你明白我所指的『關係網絡』嗎？」

事實上，喬才在想建立關係網絡這東西他應該十分清楚，卻被這個出其不意的問題給問倒了，他迅速搖了搖頭，「不，我只了解我懂得部分，但是我想我不太明白。」喬毫無說服力地把話講完。

山姆的眼神一閃，十分親切地說，「又給老頭子說對了，他說我會喜歡你的。」

喬的臉紅了。

山姆繼續往下說，「我所謂的關係網絡，不見得是你的顧客或客戶。我指的是認識你、喜歡你、相信你的人所組成的網絡。他們可能從來不曾跟你買過東西，但是心底總會想到你。這些人樂於看到你的成功，明白嗎？理所當然，因為你關心他們，他們是一批專屬於你個人的工作使者。」他強調。

「有一批屬於你個人的工作使者，經過他們轉介而到手的案子會多到讓你措手不及。」

喬一向自認善於建立關係網絡，這時候他發現自己面臨重新檢視自己在生意上的關係與網絡關係。一批專屬於個人的工作使者？他所認識的同事或朋友們，在私底下是否都「樂於見到他成功」嗎？

這句形容是否可以套在每個人身上呢？

山姆又講話了，這回他輕聲說，「喬，你想知道這樣的關係網絡是怎麼來的嗎？」

喬抬起頭來，他的目光迎上山姆，「想！」

老人的雙眼緊盯著喬，「別再記算得失了。」

喬眨眨眼，「怎麼……怎麼說？」

山姆往後靠著椅背坐，「就是那樣。別再計算了。那樣做就不是在建立關係網絡，而是在玩牌。你知道人們怎麼說『雙贏』嗎？」

喬點點頭，「找出讓雙方都能出頭的解決方案。」

山姆點點頭，「沒錯，聽起來很棒，理論上而言。但是大部分的時候，人們所謂的『雙贏』不過是記算得失的偽裝。確定我們拿到的都一樣，誰也沒占到便宜，互不相欠。這回我幫你的忙，這時候你就欠我人情。」他難過地搖搖頭，「無論是在生意上或人生的任何一個層面，當你的關係建立在『誰欠誰什麼東西』，這可不是朋友，而是債權人的關係。」

喬想起上週五在電話上所講的話：「得了吧！卡爾，你欠我一次人情！哈吉斯那個客戶是誰幫你保住的？」

山姆再度俯身向前，「你想知道成功的第三條法則嗎？」

喬點頭，「是的，我很想知道。」

「替對方著想，顧他的利益，顧他的背後。別管什麼五五各半，一半一半的主張必輸。唯一能夠致勝的主張是百分百。你要贏的是那個人，追求他所需要的。別管雙贏，把重點集中於對方的成功。」

「這就是了，喬。**第三條法則，影響力法則：你的影響力決定於，是否充分將別人的利益擺在第一。**」

喬再次複誦，「你的影響力決定於，是否充分將別人的利益擺在第一。」

山姆堆滿笑容，點點頭。

喬有所疑慮，看看賓達，又回頭盯著山姆，「聽起來像是一條非常高貴的原則，」他開口說，「可是我不太明白……？」

山姆盯著他，「不明白那怎麼會是成功的法則？」

喬點點頭，鬆了口氣地說，「沒錯。」

山姆往上朝賓達看了看，並朝喬點個頭，彷彿在說：你來告訴他。

賓達大聲說，「如果你把別人的利益擺第一，別人就會顧到你的利益，這點屢試不爽。有人稱它開明式的利己主義（enlightened self-interest），留心別人需要什麼，相信這麼做，就會得到你所需要的。」

山姆點點頭，看著喬努力理解這個概念，過了一會兒，他說，「告訴我，如果你去問問，影響力怎麼來的，大部分人會怎麼說呢？」

喬不假思索地回答，「金錢、地位，也或許是傑出的成就。」

山姆點點頭咧嘴而笑，「哈！你說對了，大部分人就是會這麼說，但是，他們列的順序應該要顛倒過來。因為這些東西不會產生影響力，而是影響力帶來這些東西。」

「這下子，你知道是什麼帶來影響力了。」

喬眨眨眼，「將別人的利益擺第一？」

山姆笑得很慈祥，「這才對啊！」

***

喬跟著賓達走進電梯。他們倆肩並肩，看著電梯門關上，當電梯開始往下降的時候，賓達打破沈默，「你會怎麼形容山姆這個人？」

「出奇驚人、優秀傑出、充滿魅力。」

「嗯，充滿魅力。」賓達似乎在思考這幾個字眼，「那妮可呢？你會說她這個人充滿魅力嗎？」

「當然！她是我所見過最引人注目的一個。」

賓達看著喬說：「告訴我，她身上有哪一點讓她如此引人注目？」

喬必須想一想。到底是哪一點讓她如此引人注目呢？「不曉得，她就是……，充滿了魅力。」

賓達笑了，「就像山姆？」

一個是迷人的年輕教師，一個是上了年紀、聲音刺耳的金融家，很難想像兩個落差如此大的人，為何會如此相像，還不只是這兩個……「對啦！還有恩內斯托也是，還有……，」他正打算說：「還有你也是！」但是突然打住。喬瞪著賓達，「是什麼？你知道的，對不對？」

叮的一聲！他們來到了一樓。電梯門開了，賓達比了個手勢，示意要喬先走。他們穿過用大理石、鋼筋與玻璃建築出來的大廳，賓達說了二個字：「**給予**。」

「啥？給予？」

「這就是他們之間的共同點：給予。」他斜眼地看喬一眼，笑了笑，「你不覺得奇怪，是什麼原因讓人變得有吸引力嗎？我是說，真正的有吸引力？有魅力？」他推開大片玻璃門，他們來到戶外，走進溫暖的九月天裡，「他們喜歡給予。這是他們之所以吸引人的原因，給予的人會吸引人。」

「給予的人會吸引人，這就是影響力法則的作用。因為它會強化你的魅力。」喬心想。

9

蘇珊

Susan

那天下午喬回到辦公室，情況一片混亂。辦公室的電腦系統當了幾分鐘，正在恢復連線中，三天的客戶記錄與往來的電子郵件都不見了。人人像發了狂似地從硬碟裡抓出檔案，工程師們試圖修復系統裡的資料。

喬加入搶救小組，奮力投入一疊又一疊越變越多的紙堆裡，把所有和山姆、賓達與影響力法則有關的事情全都忘得一乾二淨。將近七點時，他終於合上塞滿紙張的公事包，呻吟一聲，朝電梯走去。他跌坐在車內的座椅上，腦袋裡苦思著工作。接下來等他醒悟過來，時間已經過去了二十五分鐘，他正把車停進自家車庫裡。

他熄掉引擎，坐聽引擎冷卻的喀泠喀泠聲。心想真希望有個開關，可以關掉他的腦袋瓜就好了。每天利用午休時間，學習這些課程與成功法則，是不是在浪費時間呢？而這是否能夠有助於他接近目標，進而順利達成第三季業績嗎？

他看著這棟位於郊區的雙層公寓大門，嘆了一口氣。

蘇珊應該已經到家一個鐘頭了。她是否也跟他一樣精疲力竭，度過一個跟他一樣難捱的下午。

他發現蘇珊在廚房裡，從爐子裡拿出東西來。不需要蘇珊告訴他，他也知道他回來晚了，他們的晚餐有點乾掉了，或是她累到根本不在意他回來晚了，也不在意晚餐乾掉了，她的肢體語言道盡了一切，甚至更多。

他們倆一邊無精打采地吃晚餐，一邊交換意見，比較這一天的悲慘狀況，吃完了這頓飯，清理好廚房。喬很想把他和山姆會面的經過告訴蘇珊，但是他連試都沒試就放棄這個想法。

上週六，喬回到家，將他對賓達的第一印象告訴蘇珊，她一臉困惑。週一晚上用餐的時候，他試著將恩內斯托的事告訴蘇珊，她只說：「所以這個傢伙其實是老闆？」她重複了幾次，似乎無法深入的與他討論。昨天，他一開始對蘇珊說起妮可．馬丁的公司裡，那幾間如同幼稚園設計的會議室，蘇珊翻翻白眼說：「你在說笑。」再也沒有下文。

由於喬與蘇珊這對夫妻所從事的都是高壓的工作，每天幾乎都是情緒緊繃地回到家，分別還要再做上起碼整整一到兩個小時的公事。所以他們之間有一項不成文的規定：兩個人都可以有三十分鐘的時間抱怨，不能再多。

今晚，蘇珊已經整整講了三十分鐘。當她走來走去在講話的時候，喬坐在床邊，盡最大的努力保持他的同情。暗地裡他又在嘆氣，不知道自己要講什麼才能安慰到蘇珊，讓她感覺好一點。

突然間，喬意識到蘇珊話講了一半不說了，看著他。

「對不起，差不多八點半了……。」她柔聲說，接著又是一聲疲憊的嘆息，「我一直吐苦水吐個沒完沒了。」她試圖擠出一個倦怠的笑容，「我曉得你還有工作要做。」她別開頭說：「一是一，二是二，要講公平。」這話與其說是說給喬聽，不如說是自言自語。

喬張嘴要說話，又閉上嘴。一是一，二是二，要講公平。這讓他想到什麼？為什麼聽起來如此不對勁？一半一半的主張必輸。這不是山姆說的，互不相欠。這回我幫你的忙，這時候你就欠我人情，這可不是朋友，而是是債權人。他們的婚姻已經變成這樣了嗎？

喬脫口而出：「不，蘇珊，等等。事實上，我不這麼想。」

蘇珊回過頭來，看著他。

「請妳繼續說下去，我想聽聽怎麼回事。真的！」他說。

蘇珊盯著喬看，看了一會兒，好似喬告訴她萬有引力剛被推翻一樣，「真的嗎？」

「剛剛妳說得事情聽起來很糟。那麼，妳怎麼處理？」喬說。

蘇珊坐到他身邊，再次看著他。

「真的，我的事情可以等。」他說。

慢慢地，蘇珊又開始說了起來，說起她這一天的遭遇，她和某位同事發生嚴重的爭執。過了幾分鐘，她又講到一半停下來，看著喬。

喬點頭，等她講下去。

蘇珊往後靠到枕頭上，開始掏心掏肺地傾訴她的心事。她說到發生在工作上的這場困境醞釀了多久的時間；為什麼她會如此受傷；她有多迷惑，不知如何是好；這件事給她的感受。

過了二十分鐘，她哭了。

喬心疼了起來，他一直仔細在聽，但是蘇珊談到這麼多不同的問題，涉及的範圍如此之廣，他沒把握蘇珊到底為何而哭。對蘇珊而言，似乎什麼事都不對。

喬躺了下來，笨拙地抱住蘇珊，但是她還是繼續流淚。

喬嘗試喃喃說了幾句安慰之詞，做了幾次的嘗試，一直覺得自己很蠢。

葛斯怎麼說來著？有時候你覺得自己笨笨的，甚至看起來很笨，但是無論如何你還是做了……。

最後，啜泣聲變成吸鼻涕的聲音，然後吸鼻涕的聲音也停住了。

喬感到如釋重負，或許他講的話並不是那麼蠢。起碼，他的話似乎帶給她一些安慰，或者她不過是在思考。

「蘇珊，我愛妳。」喬說。

蘇珊不作聲。「蘇珊？」他輕輕喚她。

她哭到睡著了。所以他說的安慰之詞，蘇珊一個字也沒聽到。喬覺得自己很沒用，受挫的他，悄悄滑進被子裡。他憐惜蘇珊的痛苦，靜靜地沈浸在這份同情之中，但願自己能夠做點什麼，除去她的難受，最後他墜入夢鄉。

第二天早上，喬驚醒過來，從沈睡中突然陷入驚嚇狀態，猛然想起：昨天的功課！是什麼來著？山姆．羅森……建立關係網絡……一批專屬於個人工作使者。影響力法則。

他從辦公室回家，上床，連想到沒想過當天的課題，一夜就過去了，更別說嘗試應用它了。

喬發出呻吟，一把抓起枕頭，灰心喪氣，打算將枕頭用力甩出去，就在他準備這麼做的時候，才意識到蘇珊不在他身邊。他看了一眼牆上的時鐘，八點十五分。他睡過頭了！蘇珊八成躡手躡腳地爬下床，沒跟他說一聲就離開家，連叫醒他都懶得叫。

他再次呻吟。他搞砸了賓達的功課，上班遲到了，跟蘇珊之間又不和，「三壞球，喬。」他嘀咕著。

賓達的話在他的腦海裡迴盪，「如果不遵守我的條件，我們之間的會面就此結束。」他強迫自己坐直，意興闌珊，想到要打電話給布蘭妲，取消跟賓達的午餐約定。接著他發現蘇珊的枕頭上，有一張紙折成對半，紙的外頭只寫著：「親愛的」。蘇珊最近一次稱他「親愛的」是什麼時候的事了？再想一想，蘇珊上一次留字條給他是什麼時候？他拿起字條，打開來。

親愛的喬，

希望我溜下床的時候沒把你吵醒。你應該多休息的！昨晚聽夠了我說的話之後……，真的很謝謝你的雅量。

我不記得是否曾經感覺如此被傾聽、被聽見。

我愛你。

珊

雅量？「親愛的喬」？他接著把字條剩下的部分讀完。

喬不解。雅量？他哪裡有什麼雅量？他再回頭看字條，試圖想要尋找答案。

謝謝你的雅量。

我不記得曾經感覺如此……被傾聽。

他揉揉臉，大感驚愕。跟抱怨沒有任何關係，蘇珊不過是想要他聽而已，只是想被聽見。

了。

突然喬想起那個有如門鉸鏈般嘎嘎作響的嗓門：別再計算得失！接著他笑

他已經做完功課了！

真實法則

The Law of Authenticity

10

「情況怎麼樣？」進城的這整整十五分鐘的車程，這是賓達上車後的第一句話。

今天的情形跟昨天很像，昨天喬無法不想到辦公室的狀況，現在他又無法勉強自己不去想蘇珊所留的字條，還有昨天晚上她淚流滿面地訴說工作上的難題。賓達這一問倒讓喬不知所措。

「先生？」從第一次見面開始他就稱呼賓達「先生」，喬倒沒想過。

「第三條法則，你應用得怎麼樣？」賓達說。

喬突然想到，直到目前為止，賓達從來沒問起過他的「功課」，也沒檢查過他是否執行條件，一次也沒有。

那麼他現在為什麼問呢？喬瞄了賓達一眼，明白這個人不是在調查他。他之所以會問，是因為他真心想要知道，「是因為他知道發生了事情，」喬心想，「重要的事。」

「情形還好，我是說，我覺得還好。老實說，我並不確定。」

賓達點點頭，彷彿喬的反應十分合理，「喬，這些課題不只可以應在用生意上。真正合理的商業信條，是可以在什麼地方都用得上的：用在朋友之間，夫妻之間，任何地方都可以，這才是真正的結算。不在於是否改進財務上的資產負債表，而在是否改善人生的資產負債表。」

「我以前從來沒想過。」

「我極力推薦，我跟我老婆結婚將近五十年。」他認真地看著喬。

「五十年！」喬重複道。眼前這個人的婚齡幾乎是他歲數的兩倍。

「接下來這句話聽起來可能會很老派。」賓達又瞄了喬一眼，彷彿在尋求確認，確認喬明白。

「好！」喬點點頭。

「我相信我們能夠在一起這麼久，到今天都還像四十八年前一樣幸福快樂，

（事實上，還不只是這樣而已，）這是一個原因，唯一的原因。原因是：我關心我老婆的幸福，勝過我自己的幸福。打從我遇到她的那天開始，我別無所求，只想讓她快樂。真正妙的是：她似乎也只想要我快樂。」

「有人會說那是相互依賴，不是嗎？」喬大膽提出來。

「沒錯，有人可能會這麼說。知道我怎麼稱它嗎？」

「幸福快樂？」賓達笑了，「是，當然是。我要說的是，我稱它為『成功』。」成功。

喬回首他和蘇珊攜手共度的人生，它像是一齣不停交戰與妥協的戲。一半一半的主張必輸……。

「就像山姆說的建立關係網絡。」喬表示意見。

「完全正確。」賓達指著擋風玻璃外，「我們到了。」映入眼簾的是國際會議中心，喬把車轉進地下停車場。

這裡有一場年度銷售會議，他們要來聽演講。這是本城的一大盛事，吸引了來自全國各地的與會者。不過，今天的演講者是本地人，大名是黛柏拉．戴文波。

會場擠滿了人，不過賓達訂到了兩個位置，座位在大型演講廳的後面。聽眾的規模令喬印象深刻，估計約有三千人。主講人並未讓聽眾失望。研討會的主持人做了一個簡短而熱情的介紹後，演講人站在舞台中央，接受聽眾起立鼓掌。她莊重地靜待掌聲結束，聽眾紛紛入座。

「十二年前，我過四十二歲的生日，收到了三份生日禮物。第一份禮物。好友送我價值一百元的潘妮百貨（JC Penny）禮券，對昔日的我而言是高水準的治裝金額。」她頓了頓，左看看右看看，然後把身體往前靠向聽眾，擺出一副推心置腹、只有你知我知的樣子，「順帶一提，到潘妮百貨購物仍是我心目中最棒的治裝經驗。」她補充道。

觀眾聽到這句話，回以一陣笑聲與掌聲。她露齒而笑，揮揮手叫大家靜下來。

「我的意思是說，為什麼要把錢浪費在那些定價過高、明年就會過時的服裝上面呢？我說的對不對？再說，各位女士？」她用食指敲敲太陽穴，敲了幾下後說，「美的是內在，而不是包裝。」

又是一陣笑聲與掌聲穿堂而過，「才開場六十秒，她就已經掌控全場。」喬不禁感到驚訝。

她繼續往下說。

「第二份禮物。三個孩子集資，買了市區溫泉會館全日、全額預付的點數，送他們的媽媽。我說的可是很貴的那種，全日耶！而且他們計畫很周密，還留了足夠請臨時保姆的錢。事實上，他們自個兒打電話給保姆，安排妥當，讓她來家裡一整天，又不讓我在事前就發現。他們知道我這個做媽媽的有多麼愛追根究柢，所以這項奇蹟需要執行天才與運作的能手才能辦到。」就那麼一口氣，她的聲音顫抖，似乎就要哭出來了。

聽眾群中有所領會地發出一陣熱情的笑聲。

「第三份禮物。老公送我一份最出乎意料之外的禮物。他生平第一次打電話叫我起床：那天，他走出家門，再也沒有回來過。」

喬感覺到全場的聽眾吸了一口氣，屏住氣。

「我花了整整一年的時間才將包裝去除，並打開它，明白如何運用這份禮物。」她環視全場，喬發現她的目光迎上一個又一個的聽眾，不只是前排的聽眾而已，而是看遍了擠得人山人海的演講廳。

「今天，我要跟在座的各位分享這份禮物。」

接下來的十五分鐘，主講人帶領聽眾聽完她的故事。

四十二歲的時候突然單身，還有三個孩子要養的黛柏拉，從來沒有做過一天正規的工作。身為全職的母親、妻子兼主婦，照顧一家子，家務繁忙，十八般武藝樣樣都會。但是她很快就發現，過去這二十幾年來所做的工作，沒有一件是有市場性的。

「我去找工作的地方，都嫌我超齡，條件不夠。」她告訴聽眾。

老公搬離這座城市以後，她花了幾個月的時間考取不動產執照。所幸，她記東西很快，第一次考試就通過了。接下來那八、九個月的時間，她忙著跟公司裡的同事學習，努力聽從他們的忠告與教誨。

「他們教會我人類所發明的一切銷售方法與結案技巧。我學到直接成交法、優待成交法、時間緊迫成交法、試用成交法。他們教我恭維成交法、困窘成交法、最佳購買時機成交法、永遠沒有最佳購買時機成交法、求愛成交法，還有羞辱成交法。從A到Z我每一招成交術都學了。」

她頓了頓，看看全場，然後不動聲色，「啊！你們不信。」一波笑聲傳遍前面幾排。喬猜測，那邊坐著一群粉絲，他們早就知道接下去可能會出現的即興演出。

「好，我們就來瞧瞧吧……，」她開口了，開始數指頭，「有假設成交法（Assumptive Close）、額外好處式成交法（Bonus Close）、讓步成交法（Concession Close）、分散式成交法（Distraction Close）、訴諸情感式成交（Emotion Close）、將來式成交（Future Close）……」

坐在第一排的人開始有節奏地拍手，每出現一個英文字母就拍一下。

「金門大橋式成交法（Golden Gate Close）、幽默成交法（Humor Close）、智商成交法 I.Q. Close）、澤西市成交法（Jersey City Close）……」這時候全場聽眾都加入拍手的行列，大聲拍出節奏！

「砍條件成交法（Kill Clause Close）、槓桿資產成交法（Leveraged Asset Close）、金錢非萬能成交法（Money's-Not-Everything Close）、最後機會成交法（Now-or-Never Close）、物主成交法（Ownership Close）、小狗成交法（先使用後付款，Puppy Dog Close）、品質成交法（Quality Close）、反轉成交法

（Reversible Close）、激將成交法（Standing-Room-Only Close）、剝奪成交法（Takeaway Close）、低價成交法（Underpriced-Value Close）、虛榮心成交法（Vanity Close）、好時機成交法（Window-of-Opportunity Close）……」她吸了一大口氣，「……薩維拉賀蘭德成交法（Xavier Hollander Close）、姊妹情誼成交法（Ya-Ya Sisterhood Close）、莎莎嘉寶成交法（Zsa Zsa Gabor Close）！」

「親愛的，我終於學會如何成交！」

節奏性的拍手鼓掌變成一陣響亮的掌聲，大家又是笑又是歡呼，為她的高難度表現喝采。她舉起雙手，兩眼閃閃發亮，直到笑聲與掌聲逐漸停下。

「讓我來告訴你們出了什麼事。那年年底，我連一間房子都沒賣成。我恨死了，恨透了這段絕望、失敗時期的每一分鐘。」

整個演講廳靜悄悄。

「那個星期四，我四十三歲生日。好友買了一張銷售研討會的入場券給我。

老實說，我並不想去，但是基於人情我還是前往了。」她笑了，「對了，到現在她仍是我的好朋友。」她對前排的人笑著，喬猜測談話中提到的女人就坐在前排，「所以，我能怎麼辦？她這個人口才那樣的好，死的都能說成活的。」前面有幾個女人發出笑聲，證實喬的猜測。

「我去參加了研討會。事實上，研討會就在這座演講廳舉辦。其實，我就坐在各位現在所坐的地方，時間跟現在一樣，是一個九月的星期四。」她四下一看，彷彿好像自己第一次來到這裡。

「那一年，主講人是個名人。他說到替自己所銷售的東西加值的重要性。『不管你賣的是什麼，』他告訴我們，『即使你賣的商品很俗，大家都在賣，管它是不動產、保單，還是熱狗』。」

喬打了一個寒顫，領悟到黛柏拉提到的這個人就坐在他的身邊。

「『管它是什麼！』他說，『你都可以替它加值，勝過別人；如果你想賺錢的話，就替它加值；你要賺很多錢的話，那就替它附加更多的價值。』」

「他這麼說，聽眾們都笑了，我卻看不出有何可笑之處。我坐在很後面的地方，感覺自己的人生糟得一塌糊塗。不知怎的，我鼓起勇氣舉手。他的目光落在我身上，說：『後面那位女士？』於是我站起來說：『如果要快速賺很多的錢呢？』他點頭點頭說：『那就趕快找個方法附加更多的價值。』」

聽眾的反應是泛起一波輕笑。

「各位先生，各位女士，我要告訴各位，那個週末我思考他所說的話，想了很久。在買方的市場裡，一個失敗的經紀人如何能夠替她旗下的不動產加值呢？」

「週日晚上，我有所醒悟。我要如何加值？一點辦法也沒有。我想不出一絲一毫的價值，是這個微不足道的小人物黛柏拉．戴文波能夠增添的。試了一年，我證明自己沒有任何專業價值，我沒有任何東西可以提供給客戶。」

「那個週日的晚上，我下定決心。該是放棄的時候了。」

她頓了頓，「我才剛……，」她再次停頓，吸了一口氣，穩定情緒。她再一次用指頭敲敲太陽穴，遠眺聽眾群，「你們明白這裡面怎麼了吧？當我老公走出家門的時候，我的自尊也起身跟著他走了。」

喬留意到有好幾百人點了點頭，她強力觸動到聽眾的心弦。

「我老公視我為負債，而非資產。就業市場對我的看法和他對我的看法一致，顯然不動產圈對我的看法也是如此。那麼，我該跟誰去講道理？」

喬四下一看，注意到好幾雙溼溼的眼睛。這個女人在他們身上施了什麼魔法嗎？

黛柏拉緩緩地、傷心地搖了搖頭。

「過了一年，我居然還沒把我的禮物拆開。」

她猛吸一口氣，再吐出來，彷彿要擺脫那份情緒。

「所以，第二天早上我進辦公室，準備清空桌子打包走人。但是最後我還有個推不掉的約會，因此純粹基於義務關係，我見了這位潛在的客戶，帶她去看房子。『事情已經結束了，所以管它去死呢！』我告訴自己，我就跟她好好地享受那段時間。把所有的招數都拋到一邊去。我連那棟房子的相關資料都沒帶去！」

她不以為然地發出輕笑。

「在去看房子的路上，我們就是閒聊，或者應該說無所不聊，天南地北的事都拿來說。我無法確切地告訴各位，我到底有沒有房子的售價告訴對方！那是不動產史上最不專業、最散漫、最不負責、最可恥的業務簡報。」

她舉起雙手，擺出慷慨激昂的姿態，彷彿在說：頭殼壞掉了？「想當然耳，她買了那棟房子。」

整整一分鐘，掌聲才漸歇，她才能夠繼續講故事。

「那天我學到了東西。我說身兼母親、人妻與主婦三個角色，造成我不具備市場上所需要的條件，我錯了。這些年來我學到了別的東西，那就是如何做朋友，如何去關心，如何讓對方感到自信。這點，在座的朋友們，就是市場亟需的東西，市場一直都有這樣的需求，將來也會需要。」

「那場研討會的主講人說，『加值』。除了加上我這個人，我真的找不出可以加什麼。」

「顯然，就是少了這個。」她頓了頓，深吸一口氣，給自己片刻平靜心情。

「從此開始我又多賣了幾間房子。」她再開口，聽眾爆出一波賞識的笑聲。在場的人都知道黛柏拉的銷售紀錄，「多賣了幾間房子」可能是這十年來最保守的說法。

「我的第一棟房子賣給這個女人，後來我見到這個女人的先生，他居中介紹我認識幾個朋友，他們經營商用不動產。我說過我不會這麼做，又錯了！」

「他居中聯繫介紹我認識幾個朋友。」這句話觸動喬的思緒，幾天前他曾經打算要問，到目前為止一直都忘了問。他倚身向賓達低聲問：「聯繫者？」

賓達笑了，點點頭。

「啊哈！」喬心想。原來是黛柏拉賣了數百萬美元的商用不動產給恩內斯托，那位積極進取的咖啡館主人！什麼時候才會見到聯繫者這號人物呢？

「……，我有幸被稱為本市頂尖的住宅不動產與商用不動產的經紀人……。」

喬心頭還忙著在想。如果恩內斯托與黛柏拉之間就是靠這位聯繫者接上線的，這個人又替妮可．馬丁剛起步的軟體公司安排融資……，他倚身過去低聲問賓達：「我們明天要去見誰？」

賓達輕聲說：「啊，星期五的客人。」他自顧自地點點頭，「他會是個意外驚喜。」

「就是聯繫者，對不對？我終於要見到這位聯繫者了？」喬問。

賓達笑而不答，不肯多說。

「……，在過去這幾年，我走遍了全美各地發表演說，對象跟今天的聽眾一樣，我說的內容幾乎都一樣。我來此是重大的責任感與榮譽感使然，要推銷給你們比房子更值錢的東西。」黛柏拉說著。

「我來這裡要推銷給你們的就是你們自己。請大家記住這點：不論你受的是什麼訓練，不論你具備什麼技巧，不論你從事哪一行，你是你自己最重要的商品。你必須拿出來的，最有價值的禮物，就是你。」

「要達到你所設定的目標，需要百分之十的特殊知識或技術，最多百分之十。其他的百分之九十靠的是人際關係的技巧。」

「至於，人際關係的技巧基礎是什麼呢？喜歡人？關心人？做個好聽眾？這些都很有用，但都不是核心部分。你是誰才是核心部分，它們以你為出發點。」

「只要你想成為別人，或是裝出別人教你的那套動作或行為，就不可能真正接觸到人。你必須給別人的，最有價值的東西，就是你自己。無論你認為你賣的是什麼東西，你真正提供的是，你的人。」

她遠眺演講廳的後排，喬發現她直視自己，嚇了一大跳。或者可以說，在喬看起來確實如此。

「你們想要卓越的人際關係技巧？」她傾身靠向聽眾，彷彿要對好友吐露祕密似的。

「你們想要人際關係的技巧嗎？那就當個人。做得到嗎？願意做嗎？」她環顧四下，不斷地重複問著，一張張臉逐個看過去。

她左看看右看看，再次迎上幾十雙眼睛的注視。「它的價值是所有曾經被發現，或將來會出現的成交技巧的幾萬倍。」

「它就是真實。」

喬想起來，自己一直在納悶，這個女人在聽眾身上施了什麼魔法，這時候他明白自己剛剛聽到了答案。

＊＊＊

他們靜靜地駕車離開停車場，穿過市區那片混亂的車陣。過去這幾天，喬思考過許多事，大力重新評估自己跑業務的方式。但是他並沒有做好準備，戴文波講的這二個簡單的字，在他身上所造成的影響讓他措手不及。

真實。

喬轉頭看看賓達沒有表情的面容，賓達的表情有如獅身人面像般難以捉摸，然後喬又回過頭繼續開車。

「你知道我週六為什麼去找你吧？」

賓達點頭，「你渴望學習成功之道。真正的成功！」

喬頓了頓，接著說：「事實上不對。不是這樣，事實是……

賓達看著他，眼神很正經，「說下去。」

喬吸了口氣，「我去找你是因為是想要讓你留下深刻的印象。我想贏得你的信任，我希望，其實是打算，說服你幫我一起促成一筆交易。也就是說，我在爭取的這筆交易，把你的金錢和關係帶進來，你知道……，」喬的敘述變成告白，聲音小到幾乎聽不見，「你的優勢。」

好了。他說出來了，這下子事情攤開來了，一開始他之所以來見這個人的動機。大巫的那個客戶：影響力與優勢。喬從來沒見過賓達生氣，現在當然也不想看到。無論如何，他再吸一口氣，然後強迫自己轉頭，直視這位指導者的眼睛。

「這是個很蠢的動機。」喬說。

賓達輕聲說，「不會啊！一點都不蠢。這只是回應你當時的情況，如此而已。更何況，那不是你來見我的動機，你只是以為那是你來見我的動機。」

喬瞪著賓達看，「那我真正的動機是什麼？」

賓達笑了，「你渴望學習成功之道。真正的成功之道！」

第四條法則　真實法則

你必須拿出最有價值的禮物，那就是自己。

11

葛斯

Gus

那天下午葛斯沒去打擾喬，他感覺到這個年輕人需要一點空間。他並不曉得發生了什麼事，但是他猜想喬在自我省思這段時間經歷的事情。

接近五點時，葛斯收拾他的東西，熄掉辦公室的燈，正準備從衣帽架上拿下他的花呢外套。

「葛斯？」葛斯轉過身，看見喬盯著他，「嗯？」這個年輕人看起來一副沈思狀。不對，不只是這樣而已：他看起來一副極度悔悟的樣子。

「你有空嗎？」

葛斯把外套留在衣帽架上。「當然。」他坐到喬桌旁的座位上，雙臂環抱，抬起頭來。

喬繞過桌子，拉了一張椅子過來，在葛斯身邊坐下。「我有話要告訴你。」喬頓了頓。

葛斯等著。「自從我第一天來這裡上班開始，你一直都對我很好。而我也一直把你看作……

「嗯！這說起來有點失禮，我一直認為你老派過時。你知道吧？」

葛斯點頭。「聽到有關你的謠言，我向來都不相信。我是說，有關公司留你是出於你對公司的忠誠。我也不相信其他的八卦，就是謠傳你曾經做得多麼成功的事蹟。

不過，這部分謠言是真的，對吧？那五大法則，賓達提的給予那套東西，你都知道，對不對？」喬說。

葛斯凝視喬片刻才回答。「我的生涯一直都很幸運，是的，我去過那棟石造大宅，你這個星期上的課我都學過。」葛斯誠實地對喬說，「我們來看看……今天才星期四，我猜你剛聽到成功的第四條法則。」

喬點點頭，「真實法則。現在我應該想辦法應用它。」葛斯若有所思地噘起嘴巴，「在我看來，說不定你剛剛已經做到了。」

喬瞪著葛斯，時間長達一分鐘之久。

葛斯微笑以對，不動聲色。

「是你，對不對？」喬輕聲說。「你就是聯繫者。」

葛斯不再環抱雙臂，他往後靠著椅背而坐，搔搔頭，眺望窗外，再回頭看著喬，攤開手。被你逮到了。「三十五年前，我認識了賓達。過了幾年，我介紹他認識山姆．羅森。」

「過幾年，我帶這兩個人去附近一家我投資的熱狗攤。結果那頓熱狗餐吃出來的成效很大。」

他給喬一點時間消化資訊，接著又繼續說。「十多年前，我介紹恩內斯托夫婦認識黛柏拉．戴文波，我們的房子是她賣給我老婆的。你今天下午應該聽過她的演講了。」

茫茫然的喬只能點點頭。

「又過了幾年，有一群年輕的朋友想要自組軟體公司，我介紹他們認識山姆，由他提供財務諮詢。山姆、賓達和我投資妮可．馬丁的創投事業，公司做得不錯，就如同伊阿費瑞特的咖啡館經營得不錯一樣。」

葛斯注意到喬聽得目瞪口呆，有點不太自然地笑笑，「不知道耶，我就是一直不斷地找到良駒。我向來都很幸運。」

葛斯直視喬的雙眼，喬明白葛斯是在告訴他，他認為喬也是其中一匹「良駒」，這可跟運氣沒什麼關係。

「我……我不明白，原諒我說得這麼白，可是你的身價八成有數百萬美元。」喬脫口而出。

葛斯熱切地盯著喬看，喬以前從未在這位老先生臉上看過這樣的表情。「我認為這事純屬私密，非常私密，但是現在我願意跟你分享，相信這是你我之間的祕密：我的身價。」

喬點頭。

葛斯說了一個數字。喬的雙腿一軟，「可是，你為什麼還在這裡上班呢？你為什麼還要上班呢？」葛斯還不及作答，喬舉起一隻手，「不用了，用不著告訴我，我敢說我知道。」

喬回想起葛斯那種漫長而毫無目的的對話，與潛在客戶從容應對的態度，不定期且延長休假，他笑了。

「你就是熱愛你的工作。你喜歡找人聊天，問問題，知悉跟對方有關的大小事情，找方法幫助他們，替他們服務，滿足需要，分享資源……。」

葛斯站起身，悠哉悠哉地朝衣帽架緩步過去，取回他的花呢外套，朝喬眨眨眼，「老頭子總要找一些樂趣。」

葛斯朝電梯門走去，喬笑笑，出聲叫：「午餐見。」

葛斯掉頭看著喬，滿臉困惑，「午餐？」

喬輕聲笑，「不，這次是我想出來的。你就是聯繫者，對吧？所以，明天的午餐時間我會在賓達家見到你！星期五的客人。」

「哦，星期五的客人。」葛斯微微一笑，「我？不對，不是我喔！」他又笑了笑，踏進電梯，一邊走，一邊自言自語，「星期五的客人，這可好玩了。」

接受法則
The Law of Receptivity

12

星期五，十二點整。喬依例來到石造大宅，他抬起頭來看看天上聚攏的雲層，雙手插進口袋裡取暖。今天是九月下旬那種天氣，夏日已逝去再也聞不到那股味道，反倒是有冬天即將來臨的跡象。

他正打算敲第二次門的時候，門開了，瑞秋出現了。

「喬！快進來。」瑞秋說著，接著把喬領到書房，「老頭子沒想到會接到一通電話。如果你不介意在這裡等他，一會兒他就下來。」

喬看著這個鋪著橡木地板房間，格調柔和，散發出一股皮革與舊書的味道。

「今天不出門！今天是在這裡用餐的日子。」瑞秋回應喬沒說出口的問題。

喬注意到瑞秋的說法，好像這是既定程序的一部分，她以前就解釋過許多次似的，「今天輪到星期五的客人？」

瑞秋笑笑，「正是。」

「我能不能問妳一個問題？」從星期三那天，賓達將瑞秋的故事告訴朱歐之後，喬就一直渴望有此交談的機會。

「好啊！」

「替賓達做事，是什麼感覺？」

瑞秋猶豫了，然後衝著喬笑笑，「老實說嗎？」她坐到其中一張翼式扶手椅上，「令人驚奇。」

自從來到這棟石造大宅工作，這一年來瑞秋學到做好生意的技巧，勝過大多數企業家一生所學到的經驗。她學會資金籌措與慈善捐贈，談判協商與建立關係網絡，資源與關係，「賓達的商業合作理念，可說是從頭學到尾。」她說完露齒而笑。

瑞秋運用所有學到的功課，積極投入她所酷愛的事：泡出優質的咖啡。

在恩內斯托的咖啡館有過一次長談之後，瑞秋開始探索餐飲供應這塊領域，針對可靠的供應線，仔細研究他們所提供的最佳設備，如商業規模的烘豆機與磨豆機。

她還訓練自己，尋求世界各地出產的特級咖啡豆。一開始她透過大學時代西班牙文老師的聯繫，認識幾個哥倫比亞的個體戶咖啡豆農，因為她的老師是哥倫比亞人。她很快就學會不同地區的西班牙方言，很容易就跟厄瓜多爾、委內瑞拉、祕魯、巴西等周邊的國家接觸。不久，她的關係網絡就擴展到美洲以外的大陸，跟蘇門答臘、印尼、肯亞、葉門……等地的栽培業者建立友誼。

「你知道在我們這個小小星球上，有多少國家生產咖啡嗎？」瑞秋問。

喬想了一下，「二十個？」

「超過三十六個國家。過去這一年來，我跟每一個國家的咖啡種植業者發展出私人關係。」

喬聽得發愣。有了這個特別的關係網絡，瑞秋可以跳過掮客與中間人，直探全球最高品質咖啡的供應商，以超低的價格取得原料。然後呢，過去這十二個月來，她在賓達家的客廳煮了多少杯咖啡，這讓她接觸到各行各業一流的專家，從進出口到國際金融、到管理、到人力資源等。

事實上，如果瑞秋想要，大可走出這棟屋子，在四十八小時之內替一家全球性的咖啡王國打下基礎！

「哦，天哪！」喬脫口而出，「果然如此！」他拍拍自己的額頭大笑三聲。

「什麼果然如此？」

喬臉上不知不覺露出一個好大的笑容。他往後靠到椅背上，指著瑞秋，「果然如此，是妳。」

「我？」瑞秋說。

「妳。妳一整個星期都在這裡，所以我從沒想到過。他一直就在我眼前！」

瑞秋挑起眉毛，是嗎？

這時候，喬用兩隻食指指著瑞秋，像用槍指著她一樣，「妳就是星期五的客人。承認吧！」

瑞秋嘆口氣，舉起雙手，好像是說，我放棄，你贏了，猜得好！

喬堆滿笑容。

「可是錯了。」

喬的笑容頓時消失。

瑞秋歪著頭，側耳傾聽，「老頭子講完電話了。」她站起來。「如果你準備好了的話，還記得去露台的路嗎？他說你們兩個要坐在外面吃午餐，等候這位星期五的客人光臨。」

瑞秋衝著喬猛笑，喬一臉的驚愕，然後她靜靜地退下。

喬慢吞吞地搖了搖頭，然後從舒服的座椅上起身，朝外面的露台走去，加入他的指導者，一起等候這位星期五的客人……，管他最後出現的會是誰。

***

「好了，你對這一切有什麼看法？」

過去這二十分鐘，他們兩人享用了一頓棒透了的午餐，吃了冷盤、新鮮的麵包，還有大量的醃菜、橄欖和開胃菜等等。喬數了數，他們吃了五種不同的芥末，他設法每一種都嚐一嚐。但是他心知肚明，賓達的問題不是針對這頓午餐的飯菜，而是針對這週以來他的所見所聞。

喬遲疑不決，然後小心翼翼，彷彿摸著石子過河，一點一滴斟酌地說，「我覺得……，這一切聽起來很驚人。令人驚奇，真的是令人驚奇。」他停頓一下，感覺到九月下旬的陽光灑落的那股暖意。

「還有呢？」賓達鼓勵他說下去。

「還有，我就是不……，」喬吸了一大口氣，然後把氣吐出來，無法將內心的想法說完。

「我看看幫不幫得上忙，」賓達說，「年少的時候，你學到什麼是『給予』嗎？」

喬皺起眉頭來。

在他開始專心沈思之前，賓達打斷他的思路，「不要多想，喬。不要努力回想，只要告訴我，當我說給予，你第一個念頭想到什麼？」

「施比受更有福。」

「沒錯！施比受更有福，對不對？如果你是好人，就會這麼做，你會給予。好人付出的時候，不會想到回報。可是你呢？你就是忍不住，一直想到回報。這表示你可能不是什麼大善人……，所以為什麼要沒事找事呢？這套『給予』聽起來很棒……，那是對某些人而言。對我這樣的人而言也許是，對妮可或恩內斯托而言也可能是。但是對你而言不是，因為這就不是你的本性。」

出現片刻的沈默。

「是不是這樣的？」

喬嘆了口氣，「差不多就是那樣。」他承認道。

賓達轉身，眺望著延伸到西邊的城市。他看起來似乎心事重重，幾乎是哀傷的樣子，他繼續看著遠方，又開始說話。

「我要你嘗試一件事。我會數到三十，我要你在我數的時候，慢慢吐氣。這樣就好：只要吐氣，不能停下。先吸一大口氣，吸得滿滿的，可以嗎？好，吸氣……然後……開始！」

賓達開始數了，喬開始慢慢把氣吐出來。當賓達數到「九」的時候，喬的身體往前弓，臉色變得蒼白。數到「十二」的時候，他挺起身，突然上氣不接下氣地大吸一口氣。

賓達看著喬。

「忍不到三十嗎？」

喬搖搖頭。「假如我告訴你，經醫學證明，比起吸氣來，吐氣對身體健康比較好，你有何感想？有差別嗎？」

喬再次搖了搖頭，困惑不解。

「不行，當然不行。無論是誰拿出什麼證明來告訴你，你都無法一直吐氣。假如我告訴你，對心臟而言鬆弛比收縮來得好？只要一直舒張，不要再壓縮呢？你會試試看嗎？」

這回賓達根本就不等喬回答，「荒謬，對不對？當然荒謬啦！那句胡說八道的古訓也是一樣，你、我和大家都一再受到灌輸。」

「施不會比受更有福。一味的給予而不求回報是很蠢的。施而不受不只愚蠢，而且是傲慢的。人家送禮給你，你憑什麼拒絕，拒絕他們有給予的權利？受是施的自然結果。如果光是給，而不接受回報，就好像克奴特大帝看著浪潮退下，不准它再漲上來一樣。它必須回來，就如心臟在舒張之後必須收縮。」

「此刻，全世界的人類都在吸進氧氣，吐出二氧化碳，動物也是一樣。而眼前這一刻，全世界的植物界不知多少億的植物正在做相反的事，吐出氧氣，吸入二氧化碳。它們施的就是我們受的，我們施的就是它們受的。事實上，所有的施之所以能夠發生，只因為它同時也是受。」

說到這裡，賓達突然停住不說，再度凝視遠處的城市與山景。

喬定定地坐在原地，彷彿剛經歷一場地震。

所有的施之所以能夠發生，只因為它同時也是受……。

整整長達一分鐘之久，他們兩個人都不開口。除了自己耳中洶湧的血流聲之外，喬一無所聞，他好似聽得見思緒在腦中打轉的聲音。接著他意識到自己的呼吸，一吸一呼，一吸一呼，然後他笑了。

「一匹馬！」

賓達轉身，探詢地看著喬。

「一匹馬，」喬重複道，「飲水，你可以引馬到水邊……。」

賓達歪著頭，等他說下去。

「……，但是你不能強迫牠喝你提供的水。這就是最後一條法則，對吧？給予？選擇給予？」

賓達吭都不吭一聲，動也不動一下，只是繼續看著喬，聽他的。

喬的想法開始大量湧現。

「世界上所有的給予都不會帶來成功，不會創造你想要的結果，除非你讓自己變得同樣樂意且能夠接受。因為如果你不讓自己去接受，等於拒絕別人給你的禮物，阻斷了循環。因為人類天生就有欲望，嬰兒是那麼自然的接受，誰都比不上。如果保持一輩子青春、活躍、有生氣的祕訣，就是保有最珍貴的特質，這些特質是我們小時候都曾經擁有的，只是被我們摒棄；就如

同愛作夢，好奇，自信……，其中一項特質就是樂於接受、渴望接受、貪求接受！」

這時候，喬的目光閃閃發亮，就如正盯著喬看的賓達，也是目光閃 閃發亮。

「事實上，我剛剛所提到的這一切：擁有遠大的夢想、好奇、自信，這些都是接受的各個面向，跟接受都是一樣的。樂於接受就好像……。」

說到這裡，有一會兒喬似乎在抓取東西。他攤開手臂，目光向上，彷彿在尋找一個重要的字眼，足以表達他的想法……。

「就好像，一切！」

喬停了下來。

賓達衝著他堆滿笑容，笑了一會兒，然後說話。

「這個世界無疑是帶著幽默感創造出來的，對不對？在所有的真相和表象之下，裡面總是藏著那麼一丁點的對立。」

「就為了讓事情有趣。」喬大聲說出他內心的想法。

「沒錯！」賓達回答道，欣喜地地點頭，「這是很棒的說法。就為了讓事情有趣，事情總是跟表面上看起來的有點相反。」

「所以成功的祕訣，」喬繼續說，「**就是得，就是擁有，就是給、給、給。受的祕訣就是施，施的祕訣就是開放自己樂於接受。**這條法則你是怎麼稱呼的？」

賓達挑挑眉毛，笑著說，「你會怎麼稱它呢？」

喬毫不猶豫地回答：「**接受法則。**」

賓達若有所思地點點頭，「好。」

他們倆一起靜靜地坐了好一會兒，思考這條接受法則，以及宇宙萬物所蘊含的嘲弄，將偉大的真相藏在矛盾的表象之下。

＊＊＊

喬突然想起一件事情，「我們的午餐時間快結束了！今天的客人是誰呢？」

賓達仔細打量喬，「嗯？」

「我們要見誰？你知道的，誰要來揭曉最後一條法則？那位星期五的客人呢？」

賓達微笑。「星期五的客人。那就你啊！我的朋友。」他頓了頓，又說：「就是你。」

第五條　接受法則

有效的給予關鍵在於，保持樂於接受。

13

輪流轉

Full Circle

星期五下午，克拉森希爾信託公司的七樓氣氛悶悶的。眼看第三季就要結束了，喬和他的同事都在忙著同一件事情，一個個設法變魔術，在最後的關頭締造奇蹟，多帶一點業績進來。

以喬來說，則是要更多更多的業績。

但是業績沒有進來。卡爾．凱勒曼來電證實壞消息：被喬戲稱為大巫師的客戶，真的把很有賺頭的合約給了尼爾．韓森，沒給喬。

喬坐在桌前，若有所思地瞪著空咖啡杯，同事們則開始穿上外套，此起彼落地闔上公事包。過五點了，無論達成什麼業績，都得併入第四季。

「要談談嗎？」喬抬起頭來，發現葛斯在辦公室前對著他說。喬尷尬地笑了笑，打個手勢邀請他的朋友過來。一會兒，葛斯坐到喬桌旁的椅子上，喬則玩著一枝鉛筆。

「葛斯，我剛剛失去我的客戶，搞砸了第三季的業績。現在我連什麼下場都不知道。奇怪的是……。」

葛斯一邊聽著喬說，一邊從口袋裡掏出海泡石的菸斗撥弄。

「奇怪的是，我當然覺得很難受……，但是並不像我想的那麼難受。我是說，……我不曾真正試過請賓達出手幫忙爭取這筆交易，甚至連向卡爾．凱勒曼提起過賓達的大名都沒有。我想我是搞砸了，但是如果讓再重來一次，我還是會這麼做。」他抬起頭來看看牆上的鐘，「就在一星期前的這個時候，我向你要賓達的電話號碼。現在呢……？」他嘆了口氣，「我想我要有點耐心。」

葛斯從口袋裡掏出一只小小的銀色打火機，嘴裡含住那只海泡石菸斗，輕輕點著打火機，將火苗湊近堅硬的白色斗部。他噴了幾口煙，直到菸斗整個點著為止，然後人往後一靠。

這個人竟然在辦公室裡抽菸斗！

葛斯對他眨眨眼，「只抽幾口而已。」他吸吸菸管，拿開來，往斗裡瞧，伸出食指捅了捅，「你不能用是否爭取到客戶來評估你的成就，這不是重點。」

「不能嗎？那什麼才是重點？」葛斯又向上吹出三個完整無缺的圈圈，看著煙圈淡去，然後將菸斗裡的東西倒進喬的煙灰缸裡。

「重點不是你做了什麼，成就了什麼，而是你是誰。」

突然間，喬覺得很想哭，「我曉得。只是……」他抬起頭來看著葛斯的臉，突然想到親切的賓達，「只是，我不喜歡自己的口氣聽起來如此實際，如此俗氣，但是如果不能在市場上創造收益，這一切有什麼用呢？我可能因為成為聖人卻活活被餓死！」

喬用愁苦的眼神環視辦公室，抬頭看看鐘，突然在座位上挺直胸來。「啊！最後一條法則！」

葛斯揚起眉毛，「嗯？」

「我應該要運用接受法則！給予的關鍵在樂於接受。可是我要怎麼做呢？要如何四處走動積極接受呢？告訴你，葛斯，我已經開放接受了，說老實話。我是說，我是真的確確實實放開！」他嘆氣，又彎腰駝背縮回椅子，「起碼我覺得自己是。可是，看樣子我只得到被忽略。」

葛斯倚過身去，把手擱在喬的肩膀上，「別擔心，喬。擔心沒好處。你過了漫長的一週。回去老婆身邊，我留下來關門。」葛斯站了起來。

葛斯的態度令喬的肩膀一鬆，感到抑鬱的心情略微好轉，他對這位比他資深、年長的同事露出一個微弱而疲倦的笑容，「謝了，葛斯。你先回家吧，我來關門好了。」

葛斯搖搖頭，走去拿他的外套，「喬，你知道嗎？你跟一個星期前判若兩人。」

葛斯走去搭電梯，按下下樓的按鈕，接著在電梯門滑開來的時候轉過身說，「晚安，喬。」

「晚安，葛斯。還有，謝了。」

這時候喬獨自一個人在辦公室，他閉上眼睛，靜靜坐著。他感覺的到陽光漸暗。該關門了，他慢吞吞地站起來，漫步走過去放著咖啡壺的地方，把傍晚喝剩下的薄薄一層帶著苦味的咖啡倒掉，把溼溼冷冷的咖啡渣拿出來丟，洗著咖啡壺，然後用溼紙巾擦拭咖啡壺的四周。

他清洗杯子，擦乾杯子，將一個個杯子整齊地排放到櫥櫃裡，一邊想起瑞秋和他煮出來超級好喝咖啡。他感覺到內心深處冒起一股奇怪的滿足，笑意漾到臉上。他停止動作，側耳傾聽，平常十分熱鬧的辦公室，現在一片寂靜。

他感覺到的是什麼？那份安靜簡直像是有生命似的。他一動也不動，只是傾聽，感覺好像……，要怎麼形容呢？接受力很強。

電話響了。喬轉身瞪著電話，然後盯著牆上的鐘。六點十五分來電？選在週五？他接起電話。

「喂，請問你是喬嗎？」那聲音他不認得，「真不敢相信你還在辦公室。」

「對不起，我們認識嗎？」喬聽不出來電者的聲音。

「是的，你不認識我。我是尼爾・韓森。是艾德・巴尼司把你的電話號碼給我。」

「誰？艾德・巴尼司提起我？你確定……？」

接著他想起來了。

艾德・巴尼司。那個競爭對手，是他透露給吉姆的名字。星期一的電話交談，第一天的功課。給予更多的價值……。

「等等，你是那個拿到客戶的尼爾・韓森？」喬結結巴巴地說。

「聽好，」對方聽起來口氣狂亂，「我真的遇到困難……。」

喬無法相信自己的耳朵。不費吹灰之力就抓住「大巫」的那個客戶的傢伙，一個重要的競爭對手，由另外一位對手轉介而來，而此刻在電話線上和他交談，原因竟然是，「遇到困難」？

「……，我們碰到了一些難題，有個顧客丟了供應商，正需要迅速找到人，因為有一筆很大的訂單正在排隊。」

「這個客戶是誰？」喬問。

他聽到對方在電話那頭猶豫了起來，「我告訴你，你不會相信的。」他把客戶名稱告訴喬。

有那麼一會兒，喬喘不過氣來。跟這個客戶比起來，「大巫」的客戶似乎成了小巫。

等一下，這可不是大巫。

這是巨巫。

喬覺得頭暈眼花，「他們要什麼？」他怯聲問。

「稍等我一下，他們打電話過來了……。」

尼爾．韓森離線片刻，喬一邊等待，一邊來回踱步。過了十到十五分鐘，這是喬這輩子經歷過最長的時間，對方回到線上。

「好了，現在是他們在線上等。好，這是他們開給我們的條件。他們要買下三家國際性的連鎖飯店，合併在同一個集團下，重新打造成一個品牌，主要以商業會議和度假為訴求，為了推動整個集團的品牌，他們還要推出海上豪華郵輪之旅，而郵輪是整套交易的其中一部分，……，明白了嗎，在三週之內。」

喬不敢問，「然後呢？」「但是，到了最後關頭，他們失去不可或缺的『特許權』。跟他們合作的供應商開始對價格有意見，最後不得不退出。我們找來搭配的供應商，都達不到他們的水準，或是品質要求。其他的廠商都不夠大，老實說，也都不夠好。誰要是能夠辦到，等於是撿到了令人驚奇的好康，但是我找不到……辦得到的人，找不到達到這樣的規模、價格和進度。」

「特許權是什麼？」喬出奇的冷靜。對方傳過來的是到了星期五下午，挫敗而疲憊的聲音，「極品咖啡，高檔，特級的品質。足以胃納十萬個顧客的量。只有三個星期的時間！三週！誰也辦不到！」

喬緩緩地深吸一口氣，然後慢慢坐到椅子上。他笑了，「你知道嗎？我知道有一個人能幫上忙。」

14

志在必給者
The GO-Giver

一名年輕女子從停車場出來，在八月豔陽下對自己說，「克萊兒，妳的表現不會有問題的！」這是她早上第三度喃喃自語。到現在，她跟這家公司往來已有幾個星期了，但是一直都是透過電話與電子郵件聯繫，今天她要來見這位神秘的顧客。

「不會有事的，加油！」她重複道，沿著街邊往下走。

過去這幾個星期，克萊兒對這家成立不久的公司做過一番詳細的調查，每次都希望能夠深入了解一點，到底為什麼它會在一夕之間達到如此驚人的成就。從這家公司的創辦人幸運地拿到一大筆合約，開展業務至今，還不到一年的時間，而她正要去追究它的奇蹟式崛起，「就算是在當時，那也是一生難得遇到一回的交易。」某家雜誌如此形容。但是從那時候到現在，這十個月之間，這位創辦人和兩位合夥人卻一再遇上好運來敲門。

雖然年紀輕輕，他已經有了「點石成金」的聲名流傳在外。

克萊兒來到對方給她的地址，位於這座城市古老的成衣區裡一棟經過改建的工廠大樓，四周都是精品雜貨超市與閣樓式的公寓。她在門口往裡面看，在鑲著古雅瓷磚的門廳裡，看到一塊大木牌上用手工刻著公司的名稱。

瑞秋有名咖啡　五樓

克萊兒往後退一步，抬起頭來，數起樓層來。五樓……那是頂樓了。耀眼的陽光照得她有點頭暈目眩。

「看來這家公司並沒有被成功沖昏了頭。」克萊兒一邊想著，一邊踏過小小的門廳，進入老舊的電梯。

瑞秋有名咖啡接待員露出熱情的笑容招呼克萊兒，指點她沿著一道長廊走下去，來到一扇門前，門上簡單寫著「腦力激盪」。克萊兒輕輕敲了兩次門，然後更有把握地又敲了兩次。

門開了，克萊兒聽到一個男子的聲音大聲說：「請進！」一張圓圓的臉，臉上戴著眼鏡，堆滿笑容，年紀看起來三十幾歲的男子，握握她的手，把她請進寬敞的會議室裡。

「妳應該就是克萊兒吧！」男子說，「我是尼爾．韓森，很高興認識你。妳在提案上花了很大的工夫，我的合夥人和我都很激賞。」

克萊兒差點發出驚叫聲。一張巨大的抛光硬木會議桌占據室內的中央，桌上被一座精巧的比例尺模型蓋住，那座模型看起來像是一座位於山坡上的村落。村莊的外圍，有一排風力渦輪機，帶動一套幾乎不為肉眼所察的灌溉系統，這些灌溉渠道蜿蜒地穿過一塊塊的梯田。克萊兒體內的設計細胞，對這一整套東西所表現出來的簡潔與效率，大感驚訝。

「很感謝你！韓森先生。」克萊兒抬起頭看著桌子另外一側看去，瞧見牆上掛滿了美得令人屏氣的照片，一張張全都是黑白照，照片中的主角是各個年齡層的兒童，穿著各式各樣的服裝。

男子的目光隨著她的，然後熱情地笑了，「令人驚奇，對不對？什麼力量都比不上兒童臉上天真的笑容。」克萊兒一張張地看，男子跟著克萊兒繞桌而行，「我們跟不同的地方做生意，這其中有許多小孩是地方合作夥伴的孩子。」

「瑞秋上次去出差，親手拍的，」男子補充說，「她在的話也會在這裡見你，可是她現在出國。我們要在秋季推動一項大型計畫，為了這項計畫，她去南美洲鞏固一些重要的往來夥伴。計畫很大，我說的是真的很大。不過呢，你來這裡是要見我另外一位合夥人的，對不對？」

克萊兒點點頭。

「妳何不直接進去，他正在等妳來。」尼爾．韓森說著，做手勢指著連接隔壁辦公室的那扇門。

「克萊兒，歡迎！感謝妳抽空來見我。」瑞秋有名咖啡的第三位合夥人說道。

「是我的榮幸，先生。」克萊兒一邊回答，心裡一邊納悶：「他為什麼感謝我？」

「叫我喬吧！妳稱呼『先生』，我會不知道妳在跟誰說話！」

克萊兒笑了。緊張歸緊張，這個男人的聲音裡有某股特質令她感到出奇的自在，「好吧！喬。」

「謝謝！」喬說。

他領著克萊兒到一張椅子旁邊，自己也坐下，「克萊兒，我想讓妳知道，我們由衷欣賞妳的提案，很顯然地，妳下了很大的工夫在裡頭。」

他略作停頓。

「我必須讓妳知道，我們決定把秋季的行銷案交給妳的對手。」他繼續說下去。

來了，克萊兒準備了一整個早上，就等這一刻，但是這個打擊依舊像晴天霹靂一樣。

「我很感激你親自告訴我。」

「妳不覺得訝異嗎？」

「怎麼會呢，先生……我是說，喬？對方是一家大公司，我是獨立作業的SOHO族。事實上，他們能夠提供給你的確實比我能給的還要多更多。」

「事實上，恕我直言，我們並不這麼認為。他們比較有經驗沒錯，也擅長他們做的那一套。但是坦白講，克萊兒，妳的才華洋溢。還有呢？妳有勇氣。」喬答道。

「勇氣？」克萊兒不解。

「我剛剛告訴妳，我們要把合約交給妳的對手。妳的反應是謝謝我，稱讚對方，妳的勇氣十足。」

「其實，這就是我之所以請妳今天過來的原因。我們把一件重要的案子交給妳的對手。但是我們還有一個案子，就大方向來看，這個案子更為重要。」喬繼續說下去，「我的合夥人和我已經成立一個基金會，並正準備推動一項國際性的重大行動。瑞秋有名咖啡基金會的宗旨，是跟拉丁美洲、非洲、東南亞等全球咖啡生產國的土著部落攜手合作，協助他們建立以社區部落為基礎、自給自足的商業合作社。」

喬停了幾分鐘，讓克萊兒吸收他講的內容。

「這個計畫要為全球各地的部落帶來名副其實且持久的改變。它需要很大筆的錢，才能適當運作。為了募到這筆款，我們需要一個人設計，協調全球的努力成果。我知道這個案子跟妳過去所從事的工作不太一樣，但是我們希望由妳來做，如果妳有興趣的話。」

克萊兒一聽，驚訝地說不出話來。

喬點點頭，彷彿克萊兒已經說過話似的，繼續往下說，「當然，妳需要時間考慮。我真正想要做的是，請我的老婆蘇珊對妳多透露些。她是我所認識的土木工程師裡最聰明的一個，希望我們能夠說服辭去她在市政單位的工作，加入我們的陣容。還有……，」喬看看他的手錶，「再過幾分鐘，她會在樓下跟我碰面，一起去吃午餐。妳有時間跟我們一塊吃午餐嗎？」

克萊兒猶豫不決，尋找適當的字眼。「先生……，不！喬……。」

喬不吭聲，只是輕輕點頭，彷彿是說，請講。

「你……，你是怎麼做到這一切的？」

喬看起來有點困惑，「怎麼做到什麼一切？」

「你是如何建立如此神奇的局面？幾乎不到一年的光景，你跟你的合夥人就大展鴻圖。大部分人都還在為了讓新事業順利開展而掙扎，而你已經推出一項又一項重大的計畫，有了全球性的影響力。我想要說的是，你的提議令我感到受寵若驚，我當然有興趣對你的計畫多了解一些，也十分感興趣。但是我最好奇的是，知道你是如何辦到的。這肯定不只是幸運，或是所謂的天時地利人和而已。三位是如何起家的，我很想知道其中的祕訣與運作的方法！」克萊兒一口氣說出心中的疑問。

有一會兒，喬似乎沈浸在思緒中。克萊兒開始納悶，不知道自己會不會太過大膽，可能冒犯了對方。這時候喬深深吸了一口氣，才開口。

「這樣的問題應該得到一個清楚明瞭且完整的答案。我答應會給妳一個滿意的答覆……，如果妳有時間加入我們，我們一邊吃午餐怎麼樣？妳去過伊阿費瑞特的咖啡館嗎？那地方是我們的最愛。」

克萊兒聽到自己出聲說：「謝謝，不，我沒……。」

等不及克萊兒把話說完，喬笑笑地站起來，「我要妳見見某個人。」

五大法則

價值法則　你真正的價值決定於，你所能給予的價值，而不是你所獲取的報酬。

報酬法則　你的收入決定於，你替多少人服務與服務的滿意度。

影響法則　你的影響力決定於，是否充分將別人的利益擺在第一。

真實法則　你必須拿出最有價值的禮物，那就是你自己。

接受法則　有效的給予關鍵在於，保持樂意接受。

高寶書版集團
gobooks.com.tw

RI 366
給予的力量 暢銷紀念版：改變一生的五個奇遇
The Go-Giver: a little story about a powerful business idea
作　　者　鮑伯．柏格（Bob Burg）、約翰．大衛．曼恩（John David Mann）
譯　　者　夏荷立
責任編輯　吳珮旻
封面設計　高郁雯
內頁排版　賴姵均
企　　劃　鍾惠鈞
版　　權　張莎凌

發 行 人　朱凱蕾
出　　版　英屬維京群島商高寶國際有限公司台灣分公司
　　　　　Global Group Holdings, Ltd.
地　　址　台北市內湖區洲子街 88 號 3 樓
網　　址　gobooks.com.tw
電　　話　（02）27992788
電　　郵　readers@gobooks.com.tw（讀者服務部）
傳　　真　出版部（02）27990909　行銷部（02）27993088
郵政劃撥　19394552
戶　　名　英屬維京群島商高寶國際有限公司台灣分公司
發　　行　英屬維京群島商高寶國際有限公司台灣分公司
初版日期　2022 年 9 月

All rights reserved including the right of reproduction in whole or in part in any form.
This edition published by arrangement with Portfolio, an imprint of Penguin Publishing Group, a division of Penguin Random House LLC.

國家圖書館出版品預行編目（CIP）資料

給予的力量：改變一生的五個奇遇 / 鮑伯 . 柏格 (Bob Burg), 約翰 . 大衛 . 曼恩 (John David Mann) 著；夏荷立譯 . -- 二版 . -- 臺北市：英屬維京群島商高寶國際有限公司臺灣分公司 , 2022.09
面；　公分 .--（致富館；RI 366）

譯自 :The go-giver : a little story about a powerful business idea

ISBN 978-986-506-507-2（平裝）

1.CST: 職場成功法資

494.35　　111012319

凡本著作任何圖片、文字及其他內容，
未經本公司同意授權者，
均不得擅自重製、仿製或以其他方法加以侵害，
如一經查獲，必定追究到底，絕不寬貸。
版權所有　翻印必究

GOBOOKS & SITAK GROUP ©